essentials liefern aktuelles Wissen in konzentrierter Form. Die Essenz dessen, worauf es als „State-of-the-Art" in der gegenwärtigen Fachdiskussion oder in der Praxis ankommt. *essentials* informieren schnell, unkompliziert und verständlich

- als Einführung in ein aktuelles Thema aus Ihrem Fachgebiet
- als Einstieg in ein für Sie noch unbekanntes Themenfeld
- als Einblick, um zum Thema mitreden zu können

Die Bücher in elektronischer und gedruckter Form bringen das Expertenwissen von Springer-Fachautoren kompakt zur Darstellung. Sie sind besonders für die Nutzung als eBook auf Tablet-PCs, eBook-Readern und Smartphones geeignet. *essentials:* Wissensbausteine aus den Wirtschafts-, Sozial- und Geisteswissenschaften, aus Technik und Naturwissenschaften sowie aus Medizin, Psychologie und Gesundheitsberufen. Von renommierten Autoren aller Springer-Verlagsmarken.

Weitere Bände in der Reihe http://www.springer.com/series/13088

Gesche Pospiech
Technische Universität Dresden
Dresden, Deutschland

ISSN 2197-6708 ISSN 2197-6716 (electronic)
essentials
ISBN 978-3-658-30444-7 ISBN 978-3-658-30445-4 (eBook)
https://doi.org/10.1007/978-3-658-30445-4

Die Deutsche Nationalbibliothek verzeichnet diese Publikation in der Deutschen Nationalbibliografie; detaillierte bibliografische Daten sind im Internet über http://dnb.d-nb.de abrufbar.

Planung/Lektorat: Margit Maly
Springer Spektrum ist ein Imprint der eingetragenen Gesellschaft Springer Fachmedien Wiesbaden GmbH und ist ein Teil von Springer Nature.
Die Anschrift der Gesellschaft ist: Abraham-Lincoln-Str. 46, 65189 Wiesbaden, Germany

Gesche Pospiech

Quantencomputer & Co

Grundideen und zentrale Begriffe der Quanteninformation verständlich erklärt

Was Sie in diesem *essential* finden können

- Wie man Quanten und Q-Bits beschreiben kann
- Was das Besondere an der Quantenphysik und speziell an Q-Bits ist
- Wie man die Eigenschaften der Quantenphysik in der Informatik nutzen kann
- Wie Quantenkryptographie, Quantenteleportation und Quantencomputer funktionieren
- Welche Möglichkeiten, Quantencomputer zu bauen, erforscht werden

Inhaltsverzeichnis

1 Einleitung

Quanteninformation befindet sich heute in aller Munde. Aber als die Quantenphysik zu Beginn des 20. Jahrhunderts gefunden wurde, hat noch niemand sich ausmalen können, welche Folgen sich aus ihr ergeben würden. Selbst noch gegen Ende des 20. Jahrhunderts war eine Entwicklung der Quantentechnologien im gegenwärtigen Ausmaß nicht abschätzbar. Im 20. Jahrhundert war der Wunsch, die Grundlagen der Quantenphysik zu verstehen, also Grundlagenforschung im reinsten Sinn, die treibende Kraft der Entwicklung. Dieses Bestreben traf mit fulminanten Fortschritten in der Experimentalphysik und in der Technologie zusammen, die es zunehmend erlaubten, einzelne Ionen, Atome oder Photonen zu kontrollieren und zu manipulieren. Diese Technologien ermöglichten erst die „experimentelle Philosophie", in der immer ausgefeiltere Experimente zur Klärung des Wesens der Quantenphysik beitrugen. Diese Klärung und daraus folgende tiefere Einsicht bewogen Physiker und Mathematiker schon in den 1980er Jahren die Vision eines Quantencomputers zu entwerfen. In den letzten Jahren wurden in der Quantenphysik sowohl auf theoretischer wie auf experimenteller Seite gewaltige Fortschritte erzielt. Damit war das Tor zur „zweiten Quantenrevolution" weit offen.

Deren Bedeutung wird durch gewaltige Investitionen von Staaten, Forschungseinrichtungen und Unternehmen sichtbar. Die EU hat das Projekt „European Quantum Flagship" ins Leben gerufen. In diesem Rahmen soll zwischen 2020 und 2030 1 Mrd. EUR zur Förderung von Quantentechnologien zur Verfügung stehen. Hierunter fällt die volle Breite quantentechnologischer Anwendungen wie Quantenmetrologie, Quantensensorik, Quantenimaging, Quantennetzwerke, aber eben auch die Quanteninformationsverarbeitung, kurz: die Quanteninformatik. Dieses umfasst Quantenprozessoren und Technologien für Quantencomputer sowie Algorithmen. Hierbei ist die Quanteninformatik ein rasant wachsendes Gebiet, in dem interdisziplinäre Forschung im Zusammenwirken von Informatik, Physik, Mathematik und Ingenieurwissenschaften betrieben wird. Auch die Bundesregierung fördert

G. Pospiech, *Quantencomputer & Co*, essentials,
https://doi.org/10.1007/978-3-658-30445-4_1

die Quantentechnologien in einem groß angelegten Programm mit 650 Mio. EUR (https://www.bmbf.de/de/quantentechnologien-7012.html, 27.07.2020) und hat sie zusätzlich im Herbst 2020 in das Zukunftspaket aufgenommen. Dies fördert sowohl die Grundlagenforschung, Angewandte Forschung wie auch die ökonomische Umsetzung in Start ups und anderen Wirtschaftsunternehmen.

Korrespondierend zu diesen Anstrengungen gibt es immer wieder und in letzter Zeit verstärkt Medienberichte – online wie offline – zu neuesten Fortschritten in der Entwicklung von Quantencomputern und damit zusammenhängenden Entwicklungen. Oft klingen diese sehr übertrieben oder euphorisch oder aber sehr skeptisch. In jedem Falle sind die Fortschritte in den letzten Jahren trotz aller quantentechnologischen Probleme beachtlich. Zusätzlich wird die Forschung in der Quanteninformatik durch die Einsicht gestützt, dass das Mooresche Gesetz zur Entwicklung von integrierten Chips an physikalische Grenzen stößt (lithografische Techniken im nano-Bereich finden spätestens auf atomarer Ebene ihre Grenzen). Im atomaren Bereich aber sind die Gesetze der Quantenphysik nicht vermeidbar. Daher müssen Ideen entwickelt werden, die die Quantenkonzepte wie Superposition (und daraus folgend Interferenz), Unbestimmtheit und Verschränkung kreativ nutzen. Diese Quantenperspektive ermöglicht und erfordert einen völlig neuen Blick auf physikalische Realisierungen eines Computers und das Design geeigneter Algorithmen.

Dieses Essential möchte Ihnen einen Einblick in die Hintergründe der Quantenphysik geben und Ihnen Leitlinien an die Hand geben, mit denen Sie Berichte über Themen der Quanteninformatik einordnen können.

2 Was ist Quanteninformatik?

Die Theorie der Quanteninformationsverarbeitung, oder eigentlich: die Quanteninformatik, ist die interdisziplinäre Verbindung von Quantenphysik und Informatik. Die Quantenphysik liefert die Beschreibung der physikalischen Objekte, die die „Hardware" der Quanteninformatik bilden. Die Informatik untersucht Algorithmen, die ein gegebenes Problem lösen können. Nun gibt es Probleme, die so rechenaufwendig sind, dass sie mit klassischen Computern nicht in akzeptabler Zeit, wenn überhaupt, lösbar sind. Das Ziel ist es daher, in dem Zusammenspiel beider Wissenschaftszweige relevante Probleme zu identifizieren, deren Lösungsalgorithmen die Quantenphysik so nutzen können, dass eine erhebliche Verkürzung der Rechenzeit möglich wird. In den Quantenalgorithmen werden spezifische Eigenschaften der Quantenphysik genutzt, die im folgenden erklärt werden.

2.1 Grundlagen der Quantenphysik

Als quantenphysikalische Objekte oder *Quantenobjekte* bezeichnen wir alle Objekte, die mithilfe der Quantentheorie beschrieben werden. Ein konkretes Beispiel für ein Quantenobjekt ist das Photon. An diesem Beispiel werden die Grundzüge der mathematischen Beschreibung der Quantentheorie eingeführt, die für ein genaueres Verständnis der Ideen der Quanteninformatik wichtig sind.

Zustand in der Quantenphysik In der Quantenphysik ist der Begriff des *Zustands* zentral. In einem Zustand (oft *Zustandsfunktion* oder ψ*-Funktion* genannt) werden alle relevanten physikalischen Größen, die ein Quantenobjekt beschreiben, zusammengefasst.

Zunächst interpretieren wir „Zustand" im Alltagsgebrauch des Wortes: Der Zustand eines Objektes wird beschrieben, indem wir uns interessierende Eigen-

G. Pospiech, *Quantencomputer & Co*, essentials,
https://doi.org/10.1007/978-3-658-30445-4_2

schaften auswählen und mithilfe von Daten angeben: Um die Eigenschaft Größe zu beschreiben, benötigt man Länge, Breite und Höhe, und um die Eigenschaft Farbe zu beschreiben, werden Rot-, Blau- und Grünanteil angegeben.

In der Quantenphysik ist es genauso: Der Zustand eines Quantenobjekts wird in Bezug auf ausgewählte physikalische Größen wie zum Beispiel Ladung, Ort, Impuls, Polarisation oder andere Größen beschrieben, indem mögliche elementare Ausprägungen in der Zustandsfunktion ψ zusammengefasst werden. Die mathematische Handhabung dieser Zustandsfunktion unterliegt festen Regeln. Diese werden im folgenden anhand des einfachst möglichen Beispiels erläutert, nämlich sog. *Zwei-Zustandssystemen.* Diese haben sich in den letzten Jahren als einfache „Spielzeugsysteme", die aber schon alle Quanteneigenschaften zeigen, etabliert.

Zwei-Zustandssysteme: ein Beispiel Wir betrachten das Beispiel des Photons mit der physikalischen Größe *Polarisation.* Eigentlich ist Polarisation eine Richtungseigenschaft klassischer elektromagnetischer Wellen, und damit auch des Lichts.

Wenn man Licht mithilfe von Polarisationsfiltern untersucht, stellt man fest, dass horizontal polarisierte Wellen nicht einen vertikal ausgerichteten Polarisationsfilter passieren können und umgekehrt (s. a. Abb. 2.1). Horizontal und vertikal polarisiertes Licht schließt sich also gegenseitig aus. Andererseits kann man jede beliebige Polarisationsrichtung mathematisch als passende Summe (Überlagerung) von horizontal und vertikal polarisierten Wellen darstellen. Geometrisch lässt sich das als Pfeiladdition veranschaulichen.

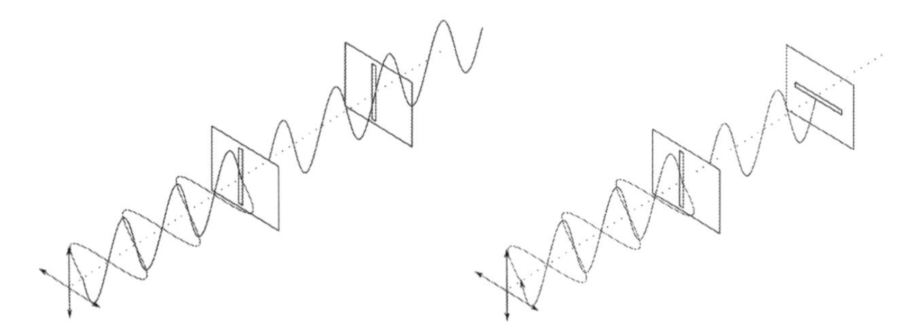

Abb. 2.1 Horizontal polarisiertes Licht (waagerechter Pfeil) und vertikal polarisiertes Licht (senkrechter Pfeil) passieren einen Polarisationsfilter, der vertikal ausgerichtet ist. Der horizontale Anteil wird dabei absorbiert, nur der vertikale Anteil tritt hindurch. Im rechten Bild sieht man, dass das vertikal polarisierte Licht nicht durch einen horizontal ausgerichteten Polarisationsfilter treten kann

Licht kann man nun nicht nur mit Wellen, sondern auch mit Photonen beschreiben. Diese haben einen *Spin*, für den die Polarisation ein passendes Modell darstellt. Daher wird oft die Sprechweise der Polarisation genutzt, auch wenn man über einzelne Photonen spricht. Da die Polarisation sich mit zwei Grund- oder *Basiszuständen* darstellen lässt, handelt es sich um ein „Zwei-Zustandssystem". Das Photon hat bezüglich der Eigenschaft Polarisation als Basiszustände die beiden Zustände „horizontal polarisiert", geschrieben als $|H\rangle$, und „vertikal polarisiert", geschrieben als $|V\rangle$. In dieser Schreibweise kann man jeden beliebigen Zustand eines Photons bezüglich der Polarisation als die Summe $\alpha|H\rangle + \beta|V\rangle$ schreiben, wobei α und β (komplexe) Zahlen mit $\alpha^2 + \beta^2 = 1$ sind. Sie geben die jeweiligen Beiträge der Basiszustände zum Gesamtzustand an. Die spezielle Schreibweise, die Dirac-Notation, wurde von Paul Dirac eingeführt und wird als kompakte mathematische Schreibweise für Quantensysteme genutzt (s. Kasten „Mathematische Grundlagen"). Dabei wird die Bezeichnung der Basiszustände in der Regel willkürlich gewählt und an das Problem angepasst. Anstelle von $|H\rangle$ und $|V\rangle$ könnte man genauso gut die Bezeichnungen $|0\rangle$ und $|1\rangle$ oder $|+\rangle$ und $|-\rangle$ wählen.

Zwei-Zustandssysteme sind zum einen als Q-Bits für die Quanteninformatik grundlegend (s. Abschn. 4.4), zum anderen können sie als „Spielzeugsysteme" die Grundprinzipien der Quantenphysik wie Überlagerungs- oder Superpositionsprinzip, Unbestimmtheit und Verschränkung sehr gut verdeutlichen. Die mathematische Beschreibung mit ihren Rechenregeln hilft, diese Eigenschaften und Phänomene auf andere, komplexere Systeme zu übertragen. Beispiele für andere Zwei-Zustandssysteme sind „Atom im Grundzustand ($|0\rangle$) oder im angeregten Zustand ($|1\rangle$)" oder „Elektron mit Spin up ($|\uparrow\rangle$) oder Spin down ($|\downarrow\rangle$)" oder „Weg durch Spalt 1 ($|S1\rangle$) oder Spalt 2 ($|S2\rangle$)".

Mathematische Grundlagen

Zur mathematischen Beschreibung von Quantensystemen eignet sich die Dirac-Notation besonders. Sie ermöglicht, symbolische Zeichen zu verwenden, die bei der Veranschaulichung helfen (s. a. (Karl Schilcher 2011, S. 245 ff.)). Folgende Fakten bilden die Grundlage des Weiteren:

1. Die Zustandsfunktionen, kurz: Zustände, von Quantenobjekten sind Elemente eines Vektorraums (genauer: *Hilbertraum*). Die Zustände werden als sog. *Kets* geschrieben: $|\psi\rangle$.
   Dabei muss man den dreidimensionalen normalen Raum (Ortsraum) von dem abstrakten Zustandsraum der Quantensysteme unterscheiden, auch

wenn beide Räume gleichermaßen mit einem Hilbertraum beschrieben werden.
2. Man kann Vektoren (Kets) addieren und mit einer Zahl multiplizieren.
3. Es gibt ein Skalarprodukt, indem die Multiplikation von zwei Vektoren eine Zahl ergibt: $\langle\psi|\phi\rangle = \text{Zahl}$. Man kann das Skalarprodukt als Projektion des Vektors ψ auf den Vektor ϕ interpretieren.
4. Jeden Zustand kann man mithilfe geeigneter Basiszustände darstellen. Die Zahl der notwendigen Basiszustände (Basisvektoren) entspricht der Dimension des Vektorraums: 2 Basiszustände für einen zweidimensionalen Vektorraum, 3 für einen dreidimensionalen Vektorraum, .. etc. Alle Basiszustände zusammen nennt man eine Basis des Vektorraums.
5. Eine Basis ist nicht eindeutig.

Die Basiszustände werden in der Regel so gewählt, dass sie aufeinander senkrecht stehen, d. h. sich gegenseitig ausschließen. Bei der Beschreibung von Photonen werden sie oft mit $|H\rangle$ (horizontal polarisiert) und $|V\rangle$ (vertikal polarisiert) bezeichnet. Mathematisch gilt: $\langle H|V\rangle = \langle V|H\rangle = 0$ (Punkt 3), weil beide Richtungen aufeinander senkrecht stehen (s. a. Abb. 2.1).

Da man Vektoren addieren und mit einer Zahl multiplizieren kann (Punkt 2), lässt sich ein beliebiger Zustand eines Photons bezüglich der Polarisation als eine Überlagerung $|\psi\rangle = \alpha|H\rangle + \beta|V\rangle$ schreiben (Punkt 4). Damit die Beschreibung konsistent ist, einigt man sich darauf, dass die Vektoren normiert werden, d. h. $1 = \langle\psi|\psi\rangle$. Daraus folgt mit $\langle H|H\rangle = \langle V|V\rangle = 1$ für ein Zwei-Zustandssystem $\alpha^2 + \beta^2 = 1$.

Wenn es erforderlich oder günstig ist, kann man die Polarisation auch mit anderen Basiszuständen darstellen (Punkt 5). Oft wird eine „diagonale“ Basis gewählt mit Basiszuständen $|D_+\rangle$ und $|D_-\rangle$. Die $|H\rangle, |V\rangle$-Basis lässt sich in die $|D_+\rangle, |D_-\rangle$-Basis umrechnen und umgekehrt:

$$|H\rangle = \frac{1}{\sqrt{2}}(|D_+\rangle + |D_-\rangle), \quad |V\rangle = \frac{1}{\sqrt{2}}(|D_+\rangle - |D_-\rangle)$$

$$|D_+\rangle = \frac{1}{\sqrt{2}}(|H\rangle + |V\rangle), \quad |D_-\rangle = \frac{1}{\sqrt{2}}(|H\rangle - |V\rangle)$$

Überlagerungsprinzip Das Überlagerungsprinzip (Superpositionsprinzip) bildet die Grundlage aller anderen quantenphysikalischen Phänomene und ergibt sich zwangsläufig daraus, dass die Zustände der Quantenphysik als Elemente eines Vektorraums beschrieben werden.

Eine Vorstellung von dem Überlagerungsprinzip kann man intuitiv entwickeln, wenn man sich Situationen vorstellt, in denen eine Entscheidung in der Schwebe ist: Es gibt zwei (oder mehr) Möglichkeiten, die realisiert werden könnten. Beispiele könnten sein: In welches Kino gehen wir? oder Welchen Film sehen wir? Aus den Möglichkeiten wird erst zu einem gewissen Zeitpunkt in einem Entscheidungsprozess ein bestimmtes Ergebnis, wobei der Ausgang der Entscheidung vorher nicht absehbar ist. Jede Möglichkeit ist mit einer bestimmten, von der Situation abhängigen, Wahrscheinlichkeit realisierbar, aber nur eine realisiert sich wirklich.

Solche „alltäglichen" Metaphern sind ungewöhnlich in der Physik. Jedoch treffen Analogien oder Metaphern aus der klassischen Physik, wie z. B. die Überlagerung von Schallwellen, die Besonderheiten der Quantenphysik nur sehr eingeschränkt. Vor allem hat die Entscheidungsmetapher den Vorteil, auch den quantenphysikalischen Messprozess (in der Metapher: Entscheidungsprozess) abbilden zu können (s. u. Abschn. 2.2). Schrödinger nannte die Beschreibung der Quantensysteme durch eine Überlagerung von Basiszuständen den „Katalog der Möglichkeiten". Solche Metaphern sind gleichwohl nur der Versuch, die Bedeutung der mathematischen Formulierung der Quantentheorie verständlich zu machen; sie ersetzen sie nicht.

In unserem Beispiel der Polarisation ist der allgemeine Zustand $\alpha|H\rangle + \beta|V\rangle$ eine Überlagerung von zwei Basiszuständen. Anstelle von $|H\rangle$ und $|V\rangle$ könnte man auch zwei andere Basiszustände nehmen, wie zum Beispiel $|D_+\rangle$ (D wie diagonal) und $|D_-\rangle$ (senkrecht zu D_+), weil sich jeder beliebige Zustand der Polarisation eines Photons auch mit $|D_+\rangle$ und $|D_-\rangle$ darstellen lässt (s. Kasten Mathematische Grundlagen.). Letztendlich ist die Wahl der Basiszustände willkürlich und wird durch die konkrete Fragestellung nahegelegt.

Streng genommen können sich nur isolierte Quantenobjekte in einer Überlagerung befinden. Sobald sie mit anderen Objekten wechselwirken, verschwinden die Überlagerungen. Daher lassen sich Überlagerungen an Objekten der klassischen Physik nicht beobachten.

Unbestimmtheit Die Unbestimmtheit ist eine Eigenschaft von Quantenobjekten, die in der klassischen Welt undenkbar ist: Zwei physikalische Größen sind unbestimmt, wenn sie nicht zugleich feste Werte haben können. Dies erläutern wir zunächst an einer Metapher mit einem „Quantenbauernhof":

Ein Bauer hat eine Herde mit weißen und schwarzen Kühen und Pferden. Diese möchte er jetzt zählen. Er treibt alle Tiere durch ein Doppel-Gatter: Links können nur die Kühe, rechts nur die Pferde hindurchgehen. In einem zweiten Schritt bringt er die Pferde

Tab. 2.1 Übersetzung zwischen Metapher, Physik und Mathematik

Metapher	Mathematik	Physik, Modell Polarisation	Physik, Spin
Herde	Zustandsfunktion	Zustand ψ	Zustand ψ
Farbe	$\times$-Basis	Polarisation $\{\|D_+\rangle, \|D_-\rangle\}$	$\text{Spin}_x\ (\sigma_x)$
Weiß	$\text{Eigenwert}_{\times-Basis}\ +1$	Messwert $+1$	Messwert $+1$
Schwarz	$\text{Eigenwert}_{\times-Basis}\ -1$	Messwert -1	Messwert -1
Tierart	$+$-Basis	Polarisation$\{\|H\rangle, \|V\rangle\}$	$\text{Spin}_z\ (\sigma_z)$
Kuh	$\text{Eigenwert}_{+-Basis}\ +1$	Messwert $+1$	Messwert $+1$
Pferd	$\text{Eigenwert}_{+-Basis}\ -1$	Messwert -1	Messwert -1

unwiderruflich weg und sortiert danach die Kühe der Farbe nach, um eine Herde mit weißen Kühen zu erhalten. Nun möchte er sich vergewissern, daß er richtig sortiert hat, schaut nach, indem er nur die weißen Kühe wieder durch das Doppel-Gatter schickt, und entdeckt plötzlich Pferde darunter.

Wenn man ausschließt, dass aus Kühen plötzlich Pferde werden, ist es in der Quantenphysik ein Fehler, Objekten eine Eigenschaft fest zuzuschreiben. Dieses Prinzip nennt man die Unbestimmtheit: Werte für Eigenschaften von Quantenobjekten sind nicht fixiert, sondern immer nur Möglichkeiten („Katalog der Möglichkeiten"). Daher ist die Unbestimmtheit eine zwingende Folge des Überlagerungsprinzips. Sie wird sichtbar, wenn es zwei verschiedene physikalische Größen gibt, die nicht miteinander *kompatibel* sind. Man nennt zwei Größen nicht kompatibel, wenn diese nicht in einem **gemeinsamen** Messgerät gemessen werden können. Häufig genannte Beispiele sind zum einen Ort und Impuls und zum anderen die Spin-Komponenten. Bezogen auf die Polarisation von Photonen wäre die Wahl der Basis $|H\rangle, |V\rangle$ (von jetzt an $+$-Basis genannt) eine solche Größe und eine nicht-kompatible Größe die Polarisation in der Basis $|D_+\rangle$, $|D_-\rangle$ (von jetzt an $\times$-Basis genannt).[1]

Man kann die Metapher eins zu eins in eine physikalisch-mathematische Beschreibung übersetzen (s. Tab. 2.1):

Der Zustand ψ gibt an, wie viele Kühe und Pferde in der Herde sind. Es ist aber nicht möglich, zugleich anzugeben, wie viele Tiere weiß oder schwarz sind. Dies bedeutet, dass es kein gemeinsames Messgerät für Farbe und Tierart gibt. Daraus

[1] Hieran sieht man, dass die Polarisation „nur" ein Modell für das Verhalten des Spins von Photonen ist. Die $+$-Basis würde der z-Komponente des Spins (σ_z) und die $\times$-Basis der x-Komponente des Spins (σ_x) entsprechen. Diese beiden Größen sind nicht kompatibel und gehorchen einer Unbestimmtheitsrelation (Karl Schilcher 2011).

folgt, dass man immer entweder nur die Farbe oder nur die Tierart bestimmen kann, die jeweils andere Eigenschaft ist unbestimmt. Das machen wir klar, indem wir am Zustand ψ abwechselnd verschiedene Messungen durchführen. Dabei wird genutzt, dass man die Herde entweder durch die Tierart oder durch die Farbe beschreiben kann. Die Mathematik erzwingt, dass man Tierart durch Farbe ausdrücken kann und umgekehrt (s. Kasten „Mathematische Grundlagen"). Die Folgen zeigen wir nun: Zunächst beschreiben wir die Anteile von Kühen $|V\rangle$ und Pferden $|H\rangle$ in der Herde mithilfe von Zahlen α und β:

$$\psi = \left(\alpha|V\rangle + \beta|H\rangle\right)$$

Dann wird die Tierart gemessen. Wir nehmen an, dass wir „Kühe", d. h. Zustand $|V\rangle$ erhalten. Anschließend messen wir die Farbe. Dazu stellen wir das Ergebnis „Kühe" mithilfe der zur Eigenschaft Farbe gehörenden Basiszustände dar: $|V\rangle = \frac{1}{\sqrt{2}}\left(|D_+\rangle + |D_-\rangle\right)$. Nehmen wir an, wir erhalten in der Messung die Farbe „weiß", d. h. den Zustand $|D_+\rangle$. Da man schreiben kann: $|D_+\rangle = \frac{1}{\sqrt{2}}\left(|V\rangle + |H\rangle\right)$ sind in dem Zustand „weiß" sowohl Kühe als auch Pferde möglich. Nun messen wir wieder die Tierart und, weil der Messprozess nicht-deterministisch ist, kann das Ergebnis $|H\rangle$ herauskommen. Dies bedeutet, dass wir nur noch Pferde haben, obwohl wir nach der ersten Messung der Tierart eine reine Kuhherde hatten. Die Pferde wiederum können schwarz oder weiß sein.

Um die Unbestimmtheit zu erläutern, wird oft ein Gedankenexperiment mit drei hintereinander geschalteten, zueinander verdrehten Stern-Gerlach-Apparaten genutzt.[2] Mithilfe eines Stern-Gerlach-Apparates kann man (ungeladene) Teilchen mit verschiedenem Spin voneinander trennen und auf einem Schirm messen. Der Spin hat drei verschiedene Komponenten: σ_x, σ_z und σ_y, die nicht miteinander kompatibel sind, d. h. sie können nicht gleichzeitig feste Werte besitzen. Je nach Drehrichtung des Stern-Gerlach-Apparates findet eine Messung der $x-(\sigma_x)$ oder der $z-(\sigma_z)$Komponente des Spins statt. Die Spinkomponenten können als Ergebnisse einer Messung entweder die Werte +1 (up) oder -1 (down) annehmen. Schaltet man drei Stern-Gerlach-Apparate $\sigma_x\sigma_z\sigma_x$ hintereinander, so kann in der zweiten Messung von σ_x ein ganz anderer Wert herauskommen als in der ersten Messung von σ_x. In der Analogie entspricht die Messung der Tierart der Messung von σ_z und die Messung der Farbe der Messung von σ_x.

Im Abschn. 3.2 wird hierzu ein einfaches Modellexperiment mit der Polarisation beschrieben. In der Quantenkryptographie wird die Unbestimmtheit für einen Test auf einen Spion genutzt (s. Abschn. 4.2).

[2] Mit einem Stern-Gerlach-Apparat wurde im Jahr 1922 von Otto Stern und Walter Gerlach in Frankfurt das erstemal nachgewiesen, dass Atome einen Spin haben können.

Verschränkung Die Verschränkung ist eine genuine Quanteneigenschaft: Bei einem verschränkten Quantensystem lassen sich die Teile nicht getrennt beschreiben. Wir nähern uns auch hier über eine Metapher an:

> In einem höflichen Zwiegespräch unterhalten sich zwei Personen. Wenn einer etwas sagt, hört der andere zu und umgekehrt.
>
> In einem misslungenen Zwiegespräch (z. B. zwei Personen in einem Aufzug) kann es passieren, dass entweder beide gleichzeitig anfangen, etwas zu sagen, oder aber beide schweigen.

Beiden Situation ist gemeinsam, dass die Beziehung zwischen den beiden Personen die eigentliche Information ist. Dies gilt z. B. auch für ein Telefongespräch, wenn die beiden Personen beliebig weit voneinander entfernt sind. Sie sind dennoch über die Situation, das Zwiegespräch, miteinander verbunden. Hier wird deutlich, dass der Anteil nur einer Person keinen Sinn macht, sondern nur beide Gesprächsanteile zugleich die vollständige Situation ergeben. Auch diese Metapher kann man in die mathematische Sprache übersetzen und physikalische Parallelen beschreiben (s. Tab. 2.2).

Das höfliche Zwiesgepräch entspricht dem Zustand $\psi = |V\rangle_1 \, |H\rangle_2 - |H\rangle_1 \, |V\rangle_2$. Das misslungene Zwiegespräch ließe sich beschreiben mit $\psi = |V\rangle_1 \, |V\rangle_2 + |H\rangle_1 \, |H\rangle_2$. Beide Ausdrücke lassen sich nicht in Teile trennen, die sich entweder nur auf Person 1 oder nur auf Person 2 beziehen. Eine Trennung würde die Situation als Ganzes zerstören. Diese unauflösbare Verknüpfung nennt man *Verschränkung*.

Das einfachste physikalische Beispiel ist die Verschränkung von Photonen bezüglich deren Polarisation. Dabei sollen die oft verwendeten Begriffe „Diphoton" oder „EPR-Paar" verdeutlichen, dass zwei miteinander verschränkte Photonen nicht einzeln beschrieben werden können, sondern nur eine gemeinsame Beschreibung

Tab. 2.2 Übersetzung zwischen Metapher und Mathematik

Metapher	Mathematik	Physik, Modell Polarisation
Person 1 spricht	$\|V\rangle_1$	Photon 1 vertikal polarisiert
Person 1 hört zu	$\|H\rangle_1$	Photon 1 horizontal polarisiert
Person 2 spricht	$\|V\rangle_2$	Photon 2 vertikal polarisiert
Person 2 hört zu	$\|H\rangle_2$	Photon 2 horizontal polarisiert
Zwiegespräch	$\psi = \|V\rangle_1 \, \|H\rangle_2 - \|H\rangle_1 \, \|V\rangle_2$	System aus zwei Photonen

(Zustandsfunktion) haben. Die „mögliche Information" des einzelnen Teilphotons besteht in: „waagerecht oder senkrecht polarisiert"; die Zusammenfassung beider Teile zu einem Diphoton bewirkt eine „Mehr-Information" des Ganzen, nämlich z. B.: „Beide Teilphotonen sind entgegengesetzt polarisiert". Diese Eigenschaft wird manchmal *Nichtseparabilität* genannt, da die Teile zwar weit voneinander entfernt sein können, aber dennoch als ein Ganzes betrachtet werden müssen. Nach Schrödinger: „Maximale Kenntnis von einem Gesamtsystem schließt nicht notwendig maximale Kenntnis aller seiner Teile ein." (Schrödinger 1935, S. 826.)

In Abschn. 3.1 wird ein Experiment vorgestellt, das deutlich die Verschränkung zeigt, und erläutert, dass es keine klassische Erklärung für die zugehörigen Phänomene geben kann. In jüngster Zeit wurden Versuche durchgeführt, die zunehmend „makroskopische" Objekte verschränken und mit ihnen Quantenphänomene zeigen können. Es können experimentell auch mehr als zwei Photonen miteinander verschränkt werden und Verschränkung kann „weitergegeben" werden. Diese Techniken der Verschränkung sind zentral für die massive Parallelität von Quantencomputern. Damit trägt die Verschränkung erheblich zur Überlegenheit des Quantencomputers bei der Bearbeitung bestimmter Probleme bei.

Transformationen in der Quantenphysik Den Zustand eines Quantensystems kann man kontrolliert mithilfe sog. *Operatoren* verändern. Diese Operatoren haben spezifische Eigenschaften, sodass man sie anschaulich als Drehung im Zustandsraum darstellen kann. Damit sind Veränderungen von Zuständen in der Quantenphysik automatisch umkehrbar, solange kein Messprozess stattgefunden hat. Da man die Zustände als Vektoren in einem Vektorraum darstellt, kann man die Operatoren entsprechend als *Matrizen* darstellen, die auf die Vektoren wirken. Alle möglichen Transformationen von Zwei-Zustandssystemen lassen sich mithilfe spezieller Matrizen, der sog. *Pauli-Matrizen* ausdrücken. Diese Transformationen sind vor allem zentral für die Implementierung von Quantenalgorithmen auf einem Quantencomputer (s. Tab. 4.3 und 4.4).

Der Messprozess Der quantenphysikalische Messprozess stand jahrzehntelang im Zentrum der philosophischen Debatten über die Interpretation der Quantenphysik.[3] Bei der technologischen Nutzung in der Quanteninformatik hat der Messprozess mit seinen Eigenschaften darüber hinaus eine wichtige praktische Bedeutung, ganz

[3]Zum Messprozess und seinen Deutungsmöglichkeiten gibt es eine reichhaltige Literatur, auf die in diesem Rahmen nicht eingegangen werden kann. Eine geeignete Einführung gibt (Friebe et al. 2018).

unabhängig von seiner Interpretation. Zwei wesentliche Aspekte stehen dabei hervor:

Zum einen kann das Ergebnis einer einzelnen Messung einer physikalischen Größe an einem Quantensystem nicht vorhergesagt werden. Welcher Wert einer physikalischen Größe angenommen wird, ist vollkommen zufällig; nur seine Wahrscheinlichkeit kann vorhergesagt werden. Der Messprozess ist nicht-deterministisch.

Zum anderen ändert sich der Zustand eines Quantensystems durch den Messprozess, weil nur ein mit dem Messapparat kompatibler Zustand (aus der Messbasis) angenommen werden kann. War der Zustand des Quantensystems zuvor eine Überlagerung von Elementen der Messbasis (Möglichkeiten des Messapparates, „Katalog der Möglichkeiten“), so verschwinden im Messprozess alle Möglichkeiten bis auf eine. Aus einer Überlagerung wird ein eindeutig bestimmter Zustand mit einem eindeutigen Wert für die gemessene physikalische Größe.

Eine mögliche Erklärung für ein eindeutiges Ergebnis in einem Messprozess liefert die sog. Dekohärenztheorie. Die Dekohärenztheorie geht davon aus, dass jedes Quantensystem immer mit seiner Umgebung verbunden, d. h. verschränkt, ist, wenn man es nicht ausgezeichnet isoliert. Je größer ein System ist, desto mehr Möglichkeiten der Verschränkung gibt es. Die damit verbundene Wechselwirkung wirkt wie ein kontinuierlicher Messprozess, sodass sich verblüffend rasch konkrete Werte für die beschreibenden physikalischen Größen ergeben. Man muss schon sehr große Anstrengungen unternehmen, um diese Wechselwirkung zu verhindern (wie zum Beispiel starke Kühlung beim Bau von Quantencomputern). Dekohärenz erklärt demnach, warum in der klassischen Welt die Werte einer physikalischen Größe immer eindeutig sind (durch ständige Messung) und kann den Messprozess selber beschreiben (allmähliches Entstehen des Wertes durch Verschränkung mit der Umgebung). Allerdings kann auch die Dekohärenztheorie nicht vorhersagen, *welcher* Wert angenommen wird.

Was in diesem Abschnitt behandelt wurde

- Die grundlegenden Konzepte der Quantenphysik sind das Überlagerungsprinzip, die Unbestimmtheit und die Verschränkung.
- Zwei-Zustandssysteme sind die einfachsten Quantensysteme und lassen sich auf viele Arten physikalisch realisieren. Sie können mithilfe der Dirac-Notation dargestellt werden.
- Der Messprozess der Quantenphysik ist nicht deterministisch und kann mithilfe der Dekohärenztheorie teilweise erklärt werden.

2.2 Relevante Begriffe der Informatik

Die Informatik befasst sich auf verschiedenen Ebenen mit der Verarbeitung, Speicherung und Übertragung von Daten. Üblicherweise werden diese Daten auf der untersten Ebene mithilfe von *Bits* (aus „binary digit") dargestellt und verarbeitet. Diese klassischen Bits können jeweils nur zwei fest definierte Zustände, in der Regel als 1 und 0 bezeichnet, annehmen. Letztendlich lässt sich jedes Programm und jede Computeranwendung auf diese Ebene zurückführen. Die Entwicklung passender Hardware, wie Speichereinheiten oder Prozessoren, gehört zur technischen Seite der Informatik.

Algorithmen Die theoretische Informatik untersucht, wie Probleme mithilfe von Computern gelöst werden können. Dabei geht es um Fragen der Berechenbarkeit eines gegebenen Problems, um Fragen der Komplexität und um passende Methoden und Programmiersprachen für die Bearbeitung solcher Probleme. Die praktische Umsetzung der Problemlösung geschieht mithilfe von Algorithmen und Programmen (Software), die die Algorithmen realisieren. Dabei ist das Zusammenspiel von Software und Hardware zu analysieren. Besonders interessant aus Sicht der Forschung sind Probleme, deren Bearbeitung auf klassischen Computern sehr rechenaufwändig ist, wie Optimierungsprobleme oder Sortier- und Suchaufgaben in unstrukturierten Mengen. Diese zeichnen sich dadurch aus, dass der Rechenwand exponentiell mit der Größe des Problems steigt, und gehören damit zu den sog. NP (Non-Polynomial)-Problemen.

Logische Gatter Ein klassisches Bit wird mithilfe logischer Gatter verarbeitet. Diese logischen Gatter sind physikalisch auf den Rechenchips realisiert. Sämtliche Algorithmen lassen sich im Prinzip mit wenigen grundlegenden Gattern realisieren. Die fundamentalen Gatter sind das UND-Gatter, das OR-Gatter und das NOT-Gatter. Sie werden charakterisiert mithilfe der sog. Wahrheitstafel, die jeder Eingabe eines Bits eine Ausgabe zuordnet (s. Abb. 2.2). Das UND-Gatter und das OR-Gatter sind nicht umkehrbar, weil aus zwei Bits ein Bit wird, was nicht erlaubt, jeder Ausgabe eindeutig eine Eingabe zuzuordnen. Weil in der Quantenphysik Transformationen umkehrbar sein müssen, können diese also nicht Bestandteile eines Quantencomputers sein. Ein wichtiges Gatter für Quantencomputer ist aber das sog. CONTROLLED-NOT (CNOT). Es verändert in eineindeutiger Weise ein Bit in Abhängigkeit von einem zweiten Bit. Damit ist dieses Gatter umkehrbar.

NOT	
a	a‘
0	1
1	0

AND		
a	b	a‘
0	0	0
0	1	0
1	0	0
1	1	1

OR		
a	b	a‘
0	0	0
0	1	1
1	0	1
1	1	1

CONTROLLED NOT			
a	b	a‘	b‘
0	0	0	0
0	1	0	1
1	0	1	1
1	1	1	0

Abb. 2.2 Wahrheitstafel ausgewählter logischer Gatter. Das NOT Gatter dreht das Bit um, AND- und OR-Gatter verknüpfen zwei Bits, sodass sich ein Bit ergibt. Beim CONTROLLED-NOT (CNOT)-Gatter lässt sich jedem Ausgang eindeutig eine Eingabe zuordnen: Wenn das erste Bit den Wert 0 hat, bleibt das zweite Bit erhalten, wenn das erste Bit den Wert 1 hat, wird das zweite Bit gedreht

2.3 Zusammenspiel von Quantenphysik und Informatik: Quanteninformatik

Die Quanteninformatik kann auf Ergebnisse der Informatik zurückgreifen, soweit sie nicht ausdrücklich auf der Annahme klassischer Bit beruht, oder wenn diese Einschränkung aufgehoben werden kann. Dies gilt vor allem für theoretische Grundlagen. Die praktische Umsetzung und technische Realisierung erfordert aber eine Berücksichtigung der spezifischen Eigenschaften von Quantenobjekten.

Die Quanteninformatik befasst sich mit dem Transport, der Speicherung und der Verarbeitung von Information auf der Grundlage quantenphysikalischer Systeme (s. Abb. 2.3). Teilgebiete sind die Quantenkommunikation, zu der die Quantenkryptographie und die Quantenteleportation gehören, sowie die Entwicklung von Quantencomputern, die auf spezifische Algorithmen einschließlich Quantenfehlerkorrektur angewiesen sind. Dazu gehört die Entwicklung von Quantenalgorithmen (d. h. Algorithmen, die in besonderer Weise die Prinzipien der Quantenphysik nutzen). Man hat erst allmählich gelernt, bei der Bearbeitung von Problemen klassische Sichtweisen zu vermeiden und sie innerhalb der Quantenphysik lösen, weil jeder Wechsel zwischen klassischer und Quantenphysik letztendlich einen Messprozess erfordert und daher mit zusätzlichen Problemen verbunden wäre. Die sich dabei stellenden Probleme sind so komplex, dass die Forschung interdisziplinäre Teams aus Mathematikern, Physikern, Chemikern, Ingenieuren und Informatikern erfordert.

In Kap. 4 werden die Quantenkryptographie, die im Kern einen sicheren Quantenschlüsselaustausch garantieren soll, die Quantenteleportation, die es erlaubt, dicht gepackte Information mithilfe von Quantenzuständen zu übertragen, und – last but

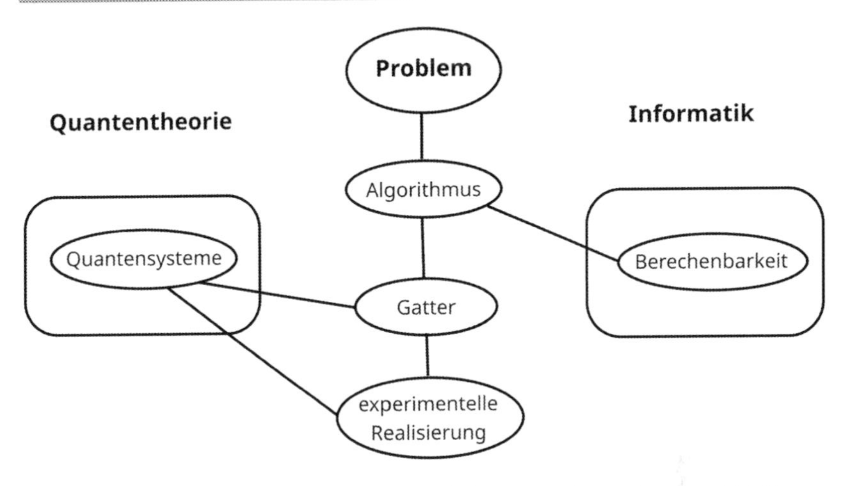

Abb. 2.3 Quanteninformatik (Zeichnung von B Schorn, (Pospiech und Schorn 2016))

not least – Quantencomputer behandelt, die bestimmte Rechenaufgaben deutlich effizienter lösen sollen als klassische Computer.

Das Q-Bit Im Zentrum der Quanteninformatik steht das *Q-Bit*. Das klassische Bit, das entweder den Wert 1 oder den Wert 0 annehmen kann, wird ersetzt durch ein quantenphysikalisches Zwei-Zustandssystem mit den Basiszuständen $|0\rangle$ und $|1\rangle$. Diese beiden Basiszustände kann man überlagern zu $\alpha\,|0\rangle + \beta\,|1\rangle$ (s. Abschn. 2.1). Wenn α und β reelle Zahlen wären, könnte man alle möglichen Zustände eines Q-Bits auf einer Kreislinie darstellen. Weil aber in der Quantenphysik α und β komplexe Zahlen sind, benötigt man eine Kugeloberfläche, die sog. *Bloch-Kugel* (s. Abb. 2.4). Auf dieser Blochkugel kann man alle möglichen Veränderungen eines Q-Bits als Drehungen des Zustandsvektors des Q-Bits darstellen. Dies ist möglich, weil in der Quantenphysik alle Veränderungen eines Zustands umkehrbar sein müssen. Für das klassische Bit würden auf der Kugel nur die beiden Punkte „Nordpol" und „Südpol" ausreichen. Damit wird plausibel, dass ein Q-Bit mehr Information enthalten kann als ein klassisches Bit. Außerdem ergeben sich bei Q-Bits wegen der Eigenschaften des Messprozesses, der Unbestimmtheit und der Verschränkung ganz neue Möglichkeiten (und Einschränkungen). Die Arbeit mit mehreren Q-Bits bedeutet also, eines oder mehrere miteinander gekoppelte Zwei-Zustandssysteme zu manipulieren.

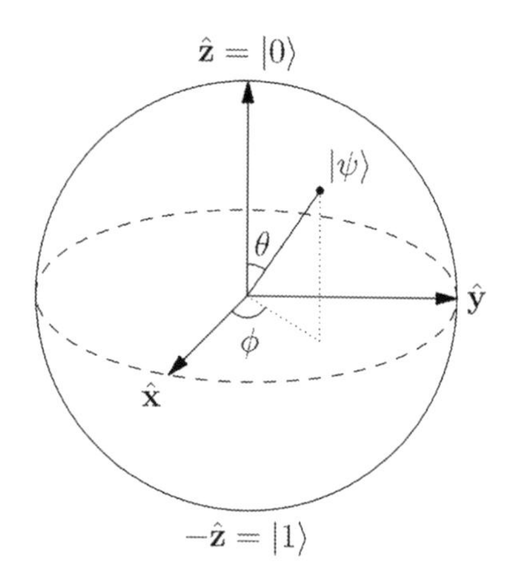

Abb. 2.4 Blochkugel. Der Zustand ψ wird als Überlagerung von $|0\rangle$ und $|1\rangle$ dargestellt (mithilfe des Winkels θ). Zusätzlich hat er eine Phase ϕ

Unterschiede zwischen klassischem Computer und Quantencomputer Aus den beschriebenen Eigenschaften ergeben sich die Unterschiede zwischen einem klassischen Computer und einem Quantencomputer (s. Abb. 2.5).

Während in einem klassischen Computer in einem Prozessor grundsätzlich seriell gerechnet wird (auch wenn in der Praxis zahlreiche Prozessoren parallel arbeiten), kann ein Quantencomputer wegen der Überlagerungen und Verschränkung massiv parallel arbeiten. Dies ist sein Hauptvorteil. Am Beispiel eines Suchproblems kann man sich das folgendermaßen veranschaulichen: Sinnbildlich gesprochen befinden sich in einem undurchsichtigen Sack etliche Murmeln. Eine bestimmte davon ist die Lösung. Auf klassischem Wege greift man blind in den Sack und holt eine Murmel nach der anderen heraus, bis man die richtige gefunden hat. Auf dem Quantenweg hat man eine Spezialbrille, mit der man durch den Sack hindurch alle Murmeln auf einmal sieht und sofort (oder mit wenigen Griffen) die richtige auswählen kann. Dies verkürzt die Rechenzeit erheblich. Auf der anderen Seite bedeutet die Verschränkung von Quantensystemen auch, dass sich ein Quantensystem mit seiner Umgebung verschränkt, wenn es nicht ausgezeichnet isoliert wird. Dies hat zur Folge, dass sehr leicht Fehler in den Q-Bits auftreten oder die logischen Gatter nicht korrekt ausgeführt werden können.

Ein weiterer Unterschied besteht darin, dass ein Quantencomputer grundsätzlich reversibel arbeitet, weil Transformationen in der Quantenphysik wie Drehungen aussehen. Dies erfordert andere logische Gatter als in einem klassischen Computer. Dabei hat sich herausgestellt, dass grundsätzlich 1-Q-Bit- und 2-Q-Bit-Gatter ausreichen, um alle Algorithmen auch zu realisieren. Dies hält die technologischen

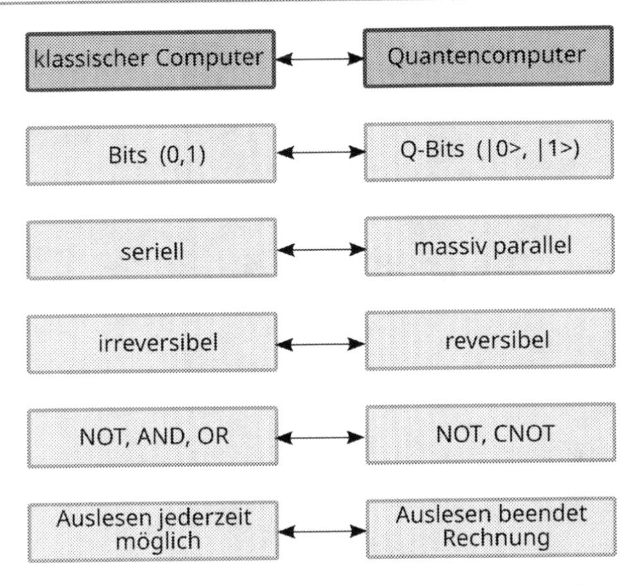

Abb. 2.5 Unterschiede zwischen einem klassischen Computer und einem Quantencomputer

Probleme in Grenzen, denn 3-Q-Bit-Gatter wären wesentlich schwerer zu realisieren.

Ein gewichtiger Unterschied und zugleich ein Problem des Quantencomputers ist das Auslesen der Ergebnisse. Während man sich in einem klassischen Computer Zwischenergebnisse ausgeben lassen kann, muss bei einem Quantencomputer das Auslesen in einem Messprozess erfolgen, der automatisch die Quantenrechnung beendet, weil ein Messprozess den Zustand eines Quantensystems irreversibel und unvorhersagbar ändert. Daher erhält man das korrekte Ergebnis nur mit einer gewissen Wahrscheinlichkeit, sodass man die Rechnung oft wiederholen muss, um die Wahrscheinlichkeit der verschiedenen möglichen Messergebnisse zu bestimmen. In einem Quantencomputer besteht die Kunst darin, die Algorithmen so zu entwerfen, dass die Wahrscheinlichkeit für das richtige Ergebnis besonders hoch ist.

Die Realisierung von Algorithmen ist spiegelbildlich: in der klassischen Informatik werden die Gatter physikalisch fest realisiert und die Bits werden durch die Software, die Programme, realisiert. In der Quanteninformatik sind die Q-Bits ein physikalisches System und die Gatter werden durch Manipulationen der Bits realisiert.

Was in den beiden letzten Abschnitten behandelt wurde

- Die Bausteine Algorithmen und logische Gatter der klassischen Informatik sind auch für die Quanteninformationsverarbeitung grundlegend.
- Q-Bits sind quantenphysikalische Zwei-Zustandssysteme und können mithilfe der Blochkugel dargestellt werden.
- Der Quantencomputer unterscheidet sich von einem klassischen Computer hauptsächlich durch seine massive Parallelität und das reversible Rechnen.

3 Zentrale Experimente

In diesem Kapitel werden einige zentrale Experimente vorgestellt, die die Forschung nachhaltig vorangetrieben haben, zum einen, weil sie Klarheit über grundsätzliche Fragen des Verständnisses der Quantenphysik geschaffen haben, zum anderen weil sie die experimentelle Realisierbarkeit von Gedankenexperimenten oder theoretischen Überlegungen gezeigt und damit den Weg zu vertiefter Grundlagenforschung, zu weiteren Anwendungen oder sogar zur kommerziellen Nutzung eröffnet haben. Von zahlreichen Experimenten wurde willkürlich das EPR-Experiment als grundlegend und historisch bedeutsam sowie ein Experiment zum wechselwirkungsfreien Messprozess ausgewählt. Außerdem werden einige einfache Modellexperimente beschrieben, die mit leicht erhältlichen Mitteln Quanteneigenschaften veranschaulichen können.

3.1 Schlüsselexperimente

Das EPR-Experiment

Das EPR-Experiment ist bedeutsam, weil mit ihm ein bereits 1935 von Albert Einstein, Boris Podolsky und Nathan Rosen erdachtes Gedankenexperiment realisiert wurde, das die Eigenschaften der Unbestimmtheit und Verschränkung von Quantenobjekten überprüfen sollte (Einstein et al. 1935). Die erste Realisierung geht auf Alain Aspect im Jahr 1982 zurück (Aspect et al. 1982). Mit ihr wurde zugleich gezeigt, dass es keine Erklärung des EPR-Experiments im Rahmen der klassischen Physik geben kann.

Man erzeugt ein Diphoton (in der Literatur oft EPR-Paar genannt) im Zustand $\psi = |V\rangle_1 |V\rangle_2 + |H\rangle_1 |H\rangle_2$, d. h. beide Photonen sind verschränkt und gleich

G. Pospiech, *Quantencomputer & Co*, essentials,
https://doi.org/10.1007/978-3-658-30445-4_3

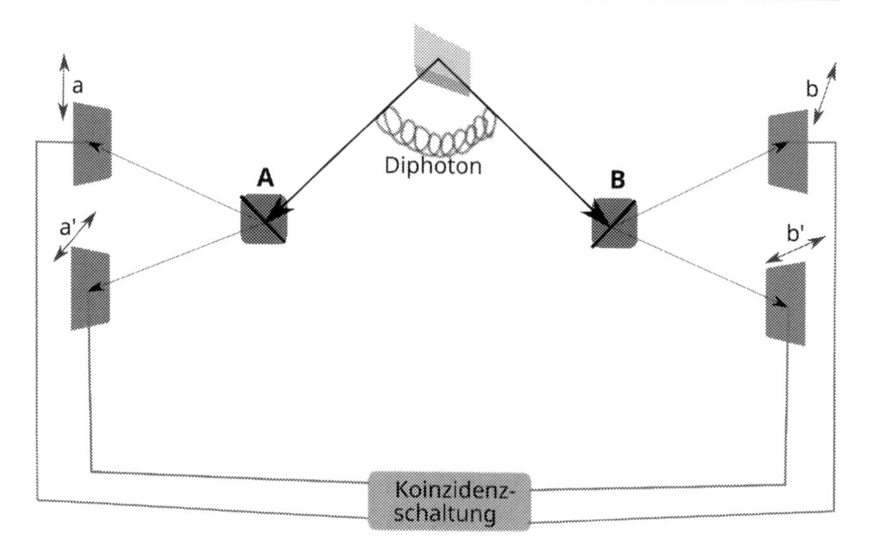

Abb. 3.1 Prinzip-Darstellung des EPR-Experiments

polarisiert.[1] Jedes der beiden Photonen durchläuft einen Polarisator – A oder B -, ehe es auf einen Detektor trifft (s. Abb. 3.1). Der Abstand der Polarisatoren zur Quelle und untereinander kann beliebig groß sein, sodass man zum Zeitpunkt der Messung das System aus den beiden Photonen als makroskopisch (genauer: raumartig im Sinne der Speziellen Relativitätstheorie) bezeichnen kann.

Die Frage ist nun: Hängen die Ergebnisse der Polarisationsmessung nach Polarisator A mit denen nach Polarisator B zusammen? Anders ausgedrückt: Bestehen nur rein statistische Korrelationen zwischen diesen beiden Messungen, die klassisch möglich sind, oder bleibt eine Verschränkung sichtbar, d. h. Beobachtungen, die sich mit einer klassischen Theorie nicht erklären lassen?

Grundsätzliches Vorgehen Da die Korrelationen zwischen Ergebnissen von Messungen in verschiedenen Richtungen gemessen werden sollen, scheint eine symmetrische Anordnung sinnvoll zu sein. Um Korrelationen zwischen möglichst beliebigen Richtungen bestimmen zu können, benötigt man auf der Seite A und auf der entgegengesetzt liegenden Seite B jeweils zwei verschiedene Richtungen. Diese nennen wir auf Seite A a und a', und auf Seite B b und b' (s. Abb. 3.1). Die Frage ist

[1] Oft wird der Prozess der *parametrischen Downconversion* genutzt.

nun, wie die Messergebnisse auf den beiden Seiten miteinander zusammenhängen. Um einen möglichen rein statistischen Zusammenhang zu überprüfen, werden die Vorhersagen im Falle einer lokal-realistischen Theorie, d. h. einer Theorie, die die Phänomene wie die klassische Physik erklärt, mit den Vorhersagen der Quantentheorie verglichen.

Vergleich der Theorien Betrachten wir zunächst den Fall der lokal-realistischen Theorie. Diese darf auch verborgene Parameter, d. h. noch unbekannte erklärende Elemente, enthalten. Dabei spielt es für die Argumentation überhaupt keine Rolle, wie diese Parameterabhängigkeit im einzelnen aussieht.

Zuerst wird untersucht, wie stark die Messergebnisse zufällig miteinander zusammenhängen, wenn die Polarisation von Photon 1 in Richtung a und von Photon 2 in Richtung b gemessen wird. In beiden Fällen kann sich der Wert +1 oder -1 einstellen. Um ein Maß für den Zusammenhang (Korrelation) zu finden, muss gezählt werden, wie oft in beiden Messungen der gleiche Wert und wie oft ein unterschiedlicher Wert auftritt. Diese Situation lässt sich in einem Kreis mit dem Winkel γ zwischen den Messrichtungen a und b veranschaulichen (s. Abb. 3.2).

Wenn ein beliebiger Polarisationszustand zwischen a und b oder zwischen $-a$ und $-b$ liegt, so trägt die Messung zur Korrelation den Wert $+1 = (+1) \cdot (+1) = (-1) \cdot (-1)$ bei. Liegt er aber zwischen $-a$ und b oder zwischen a und $-b$, so ergibt sich der Beitrag -1. Unter der Annahme, dass alle Polarisationszustände gleich oft auftreten, ergibt sich die klassische Korrelation $K_{kl}(a, b)$ aus der Summe der Länge der jeweiligen Kreisabschnitte, multipiziert mit dem jeweiligen Wert, in Relation zu dem gesamten Kreisumfang:

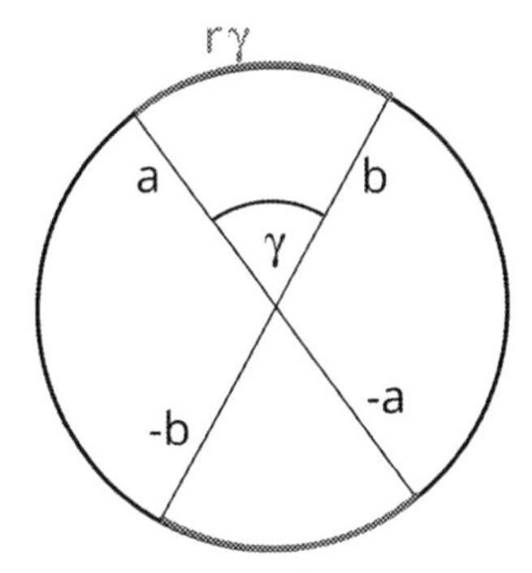

Abb. 3.2 Bestimmung von Korrelationen zwischen den Messungen in Richtung a und in Richtung b

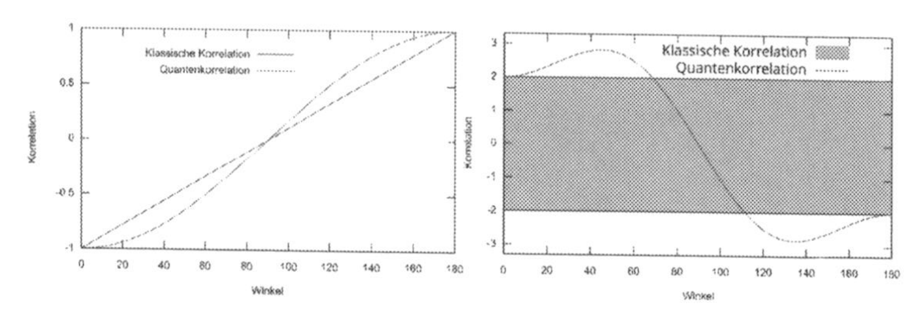

Abb. 3.3 Vergleich der Korrelationen zwischen klassischer und Quantenvorhersage. Im linken Bild wird die Korrelation von zwei Richtungen und im rechten Bild die Gesamtkorrelation, die sich aus den Korrelationen der 4 Richtungen aus dem EPR-Experiment ergibt, verglichen. Im rechten Bild zeigt der getönte Bereich zwischen $+2$ und -2 die mögliche klassische Gesamtkorrelation und die grüne Kurve die Quantenkorrelation

$$K_{kl}(a,b) = \frac{2 \cdot r\gamma \cdot (+1) + 2 \cdot r(\pi - \gamma) \cdot (-1)}{2\pi r} = -1 + \frac{2\gamma}{\pi}$$

Nun betrachten wir die quantentheoretische Vorhersage. Der Erwartungswert für das Ergebnis einer Messung von a am Polarisationszustand ψ ist das Skalarprodukt von a mit ψ , d. h. die Projektion von ψ auf a. Analoges gilt für b. Die quantentheoretische Korrelation K_{qt}, d. h. das Produkt beider Ergebnisse ergibt nach etwas Rechnung: $K_{qt}(a,b) = -\cos\gamma$. Ein Vergleich der beiden Vorhersagen zeigt, dass die Korrelationen im Falle der Quantentheorie deutlich höher vorhergesagt werden als in der klassischen Physik (s. Abb. 3.3, links).

Für die Analyse des EPR-Experiments müssen die Korrelationen aller vier in Abb. 3.1 angegebenen Richtungseinstellungen der Polarisatoren kombiniert werden. Die einzelnen Korrelationen werden zu der Gesamtkorrelation $G = K(a,b) - K(a,b') + K(a',b) + K(a',b')$ zusammengefasst. Im klassischen Fall gilt: $|G_{kl}| \leq 2$. Dies ist eine sog. *Bellsche Ungleichung.*[2] Die quantentheoretische Gesamtkorrelation ist $G_{qt} = 3 \cdot \cos\gamma - \cos(3\gamma)$, wenn γ der Winkel zwischen den Richtungen (a,b); (b,a') und (a',b') und 3γ der Winkel zwischen (a,b') ist. Der Unterschied zwischen klassischen und quantentheoretischen Vorhersagen wird für den Winkel $\frac{\pi}{4}$ zwischen den Richtungen (a,b); (b,a') und (a',b') maximal. Dann ist $G_{qt} = 2\sqrt{2} \approx 2,82$ (s. Abb. 3.3, rechts).

Entsprechend dieser Vorhersagen wurde das EPR-Experiment von Alain Aspect im Jahr 1982 aufgesetzt. Das Ergebnis stimmte ausgezeichnet mit den theoretischen

[2] John Bell hat 1962 als erster eine ähnliche Ungleichung gefunden, als er nach quantitativen Kriterien suchte, um klassische Theorie und die Quantentheorie unterscheiden zu können (Bell 1964).

Vorhersagen der Quantentheorie überein, zeigte also eine klare Verletzung der Bellschen Ungleichung. Dieses Experiment und folgende Experimente wurden intensiv auf „Schlupflöcher" untersucht. Erst im Jahr 2015 war der letzte der möglichen Einwände widerlegt (Aspect 2015). Damit war endgültig klar, dass die Quantenphysik nicht klassisch erklärt werden kann.

GHZ-Experiment

Das GHZ-Experiment wurde 1989 von Greenberger, Horne und Zeilinger vorgeschlagen. Es hatte zum Ziel, die statistische Argumentation mit Korrelationen in der Bellschen Ungleichung, die dem originalen EPR-Experiment mit Diphotonen zugrunde lag, zu vermeiden. Dazu wurden „Triphotonen", d. h. maximal verschränkte Zustände aus drei Photonen, hergestellt. Diese nennt man GHZ-Zustände. Dann lässt sich mithife von nur 4 nacheinander durchgeführten Messungen die Möglichkeit einer klassischen lokal-realistischen Theorie zur Beschreibung der Quantenphysik widerlegen. Im Jahr 1999 konnte dieses Experiment durchgeführt werden (Pan et al. 2000). Das Besondere ist, dass man kein Ensemble, d. h. viele Messungen an gleichen Quantensystemen benötigt, sondern direkt durch Messung an einzelnen Quantensystemen einen Widerspruch zwischen klassischer Physik und Quantenphysik herbeiführt. Das Vorgehen lässt sich mithilfe eines Spiels veranschaulichen (Pospiech 2016).

Der quantenmechanische Bombentest

Der sog. Bombentest, der von Elitzur und Vaidman im Jahr 1992 beschrieben wurde, zeigt Charakteristika des Messprozesses und der Quanteninformation (Elitzur und Vaidman 1993). Sie stellten die Frage:

> „Nehmen wir an, es gibt ein Objekt, das so beschaffen ist, dass jede Interaktion mit ihm zu einer Explosion führt. Können wir das Objekt lokalisieren, ohne dass es explodiert?"

Im Jahr 1995 wurden die ersten erfolgreichen Experimente hierzu durchgeführt (Kwiat et al. 1997). Solche „wechselwirkungsfreien Messprozesse" können durchaus interessant für Quantencomputer sein.

Ein einzelnes Photon tritt in ein Michelson-Interferometer ein (s. Abb. 3.4).[3] Dieses hat zwei räumlich voneinander getrennte Arme. Man kann die Weglängen so einrichten, dass wegen der Interferenz an Detektor 1 praktisch kein Photon registriert wird (s. Abb. 3.4, links). Um die „Bombe" zu simulieren, wird in einen Arm die „Bombe" in Gestalt eines halbdurchlässigen Spiegels und eines Detektors eingefügt.

[3] Das Originalexperiment ist in Kwiat et al. 1995 beschrieben.

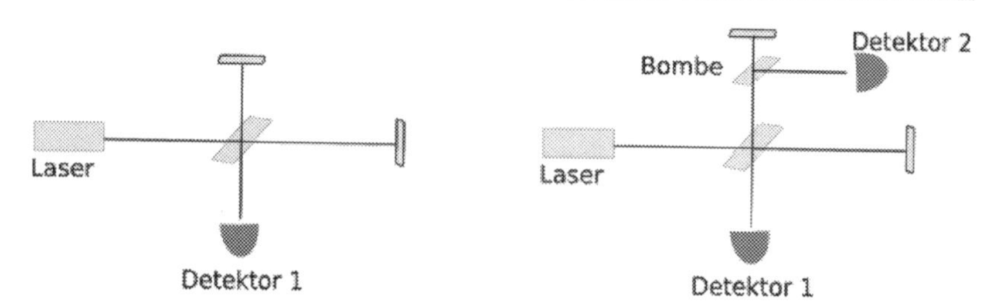

Abb. 3.4 Der Bombentest nach Kwiat et al. (1995). Links ist der Aufbau ohne „Bombe“ zu sehen, rechts mit „Bombe“

Dann trifft theoretisch die Hälfte der Photonen in diesem Teil des Interferometers auf die „Bombe“ (und bringt sie zum Explodieren, d. h. wird in Detektor 2 registriert), die andere Hälfte durchläuft das Interferometer normal. Sobald die „Bombe“ eingesetzt ist, werden plötzlich Photonen im Detektor 1 registriert (s. Abb. 3.4, rechts). Dies bedeutet, dass eine Bombe vorhanden sein muss, auch wenn kein Photon die Bombe getroffen hat.

Dieses Experiment ist ein Beispiel dafür, dass ein quantenphysikalischer Messprozess deutlich von klassischen Messungen abweicht. Zum einen muss immer der Messapparat als Teil des gesamten Versuchsaufbaus und -ablaufs gesehen werden. Man kann nicht einzelne Teile oder zeitliche Abschnitte isoliert betrachten. Es handelt sich, um mit Bohr zu sprechen, um einen ganzheitlichen Prozess. Zum anderen ist bei Quantensystemen die Information nicht in den Objekten selber enthalten, sondern in ihren Beziehungen, die mittels Verschränkungen und Überlagerungen mathematisch beschrieben werden und sich in Interferenzerscheinungen zeigen.

3.2 Einfache Modellexperimente

Quantenexperimente mit einzelnen Photonen aufzubauen, ist nach wie vor sehr aufwendig. Daher werden hier einige Modellexperimente beschrieben, die die Eigenschaften der Quantenphysik illustrieren, ohne wirklich Quanteneffekte zu sein. Diese Experimente beruhen darauf, dass die Polarisation ein gutes Modell für den Photonenspin ist. Sie haben den Vorteil, dass sie mit einfachen Mitteln, wie Licht, Polarisationsfolien oder Kalkspatkristallen, durchgeführt werden können.

Mithife eines Kalkspatkristalls kann man unpolarisiertes Licht in zwei Strahlen unterschiedlicher linearer Polarisation aufteilen. Dies kann man überprüfen, indem man den Kalkspatkristall auf ein kariertes Blatt Papier legt. Dann erscheinen zwei versetzte Bilder der Karos mit senkrecht aufeinander stehenden Polarisationsrichtungen. Dies lässt sich durch eine Polarisationsfolie, die man darauf legt und langsam dreht, überprüfen. So lässt sich die Zwei-Zustandseigenschaft veranschaulichen: die beiden Basiszustände $|V\rangle$ und $|H\rangle$ schließen sich gegenseitig aus (gekreuzte Polarisationsfolien) und unpolarisiertes Licht lässt sich in zwei senkrecht stehende Richtungen, die Basiszustände, aufspalten.

In einem Gedankenexperiment kann man sich einzelne Photonen vorstellen, die durch einen Polarisationsfilter oder den Kalkspat treten. Von diesen wird immer nur eines absolut zufällig entweder im Zustand $|V\rangle$ oder im Zustand $|H\rangle$ beobachtet, nie zwei zugleich. Trifft nun das Licht nach dem Polarisationsfilter auf einen Schirm, so kann man die Intensität als ein Maß für die Wahrscheinlichkeit interpretieren, dass ein einzelnes Photon entsprechend detektiert werden würde, was den quantenmechanischen Messpozesses illustriert.

Illustration der Unbestimmtheit Unbestimmtheit bedeutet, dass man Quantenobjekten keine festen Werte für Eigenschaften (physikalische Größen) zuschreiben kann, sondern dass sich diese festen Werte erst in einem Messprozess ergeben.

Für das Modellexperiment (s. Abb. 3.5) wird angenommen, dass das Laserlicht aus einzelnen Photonen besteht und dem einzelnen Photon die feste Eigenschaft Polarisationsrichtung zugeschrieben werden kann. Die Photonen werden mit einem Polarisationsfilter in der diagonalen Polarisationsrichtung D_+ präpariert. Der passend ausgerichtete Kalkspatkristall spaltet das Licht in zwei Strahlen auf, die den Zuständen $|V\rangle$ und $|H\rangle$ entsprechen. Ein zweiter relativ dazu gedrehter Kalkspatkristall spaltet jeden dieser beiden Strahlen seinerseits in zwei Strahlen D_+ und D_-

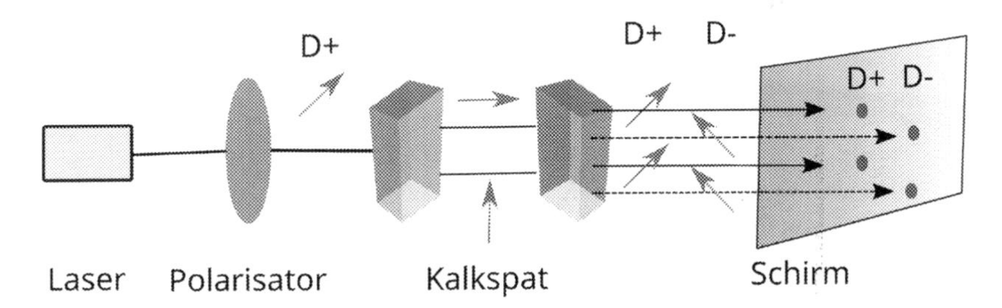

Abb. 3.5 Modellexperiment zur Unbestimmtheit. Die in einer klassischen Theorie nicht erwarteten Ergebnisse sind gestrichelt gekennzeichnet

auf.[4] Wenn man den Photonen am Anfang die feste Eigenschaft D_+ zuschreiben dürfte, würde man auf dem Schirm nur die zwei Punkte sehen, die D_+ entsprechen. Aber man sieht vier Punkte, weil auch die Eigenschaft D_- auftritt, die am Anfang des Experiments nicht vorhanden war. Dies ist nur möglich, weil die Eigenschaften der Quantenobjekte unbestimmt sind und erst in einem Messprozess (hier auf dem Schirm) festgelegt werden (s. a. Metapher auf „Unbestimmtheit")

Illustration eines Quantenradierers Eines der faszinierendsten Experimente ist der sog. Quantenradierer. Das zugehörige Modellexperiment lässt sich vollständig mit klassischer Physik erklären. Aber es kann zur Veranschaulichung eines wichtigen Aspekts der Quantenphysik dienen, der Ununterscheidbarkeit. Interferenz kann es nur geben, wenn es (mindestens) zwei ununterscheidbare Möglichkeiten gibt. An einem Doppelspalt sind die beiden Spalte ununterscheidbar, also tritt Interferenz auf. Wenn man die Spalte markiert (d. h. durch „Welcher-Weg-Information" unterscheidbar macht), verschwindet die Interferenz. Macht man die Markierung wieder rückgängig, nachdem die Photonen den markierten Doppelspalt durchquert haben, so tritt wieder Interferenz auf.

Der Aufbau des Experiments ist ein Doppelspalt mit zwei Spalten, die soweit auseinanderliegen, dass noch Interferenz beobachtet wird. Nun wird vor den einen Spalt eine horizontal orientierte Polarisationsfolie gesetzt, vor den anderen eine vertikal orientierte. Damit sind die beiden Spalte durch die Polarisation des durchgehenden Lichts unterscheidbar. Demnach verschwindet die Interferenz. Es ist zu beachten, dass man nicht wirklich nachschauen muss, wie das Licht polarisiert ist; es reicht die Möglichkeit dazu aus. Nun setzt man hinter die beiden Polarisationsfolien eine zusätzliche diagonal orientierte Polarisationsfolie. Damit sind nachträglich die beiden Spalte wieder ununterscheidbar, sodass auf dem Schirm jetzt wieder Interferenz beobachtbar ist. Nimmt man wieder einzelne Photonen an, so haben sie den Doppelspalt mit Welcher-Weg-Information längst durchlaufen, ehe durch die diagonale Polarisationsfolie die Welcher-Weg-Information gelöscht wurde.

Dieses Experiment zeigt, dass man einen Aufbau immer als ganzes betrachten muss, und nicht einzelne Teile isolieren darf. Für die Handhabung, vor allem für das Auslesen von Daten in einem Quantencomputer, ist diese Eigenschaft zentral.

[4] In der auf Seite 9 beschriebenen Anordnung mit drei Stern-Gerlach-Apparaten entspräche dies der Messreihenfolge $\sigma_x \sigma_z \sigma_x$.

4 Anwendungen in der Quanteninformatik

In diesem Kapitel wird gezeigt, wie die Quanteneigenschaften, das Überlagerungsprinzip, die Unbestimmtheit und die Verschränkung, in der Quanteninformatik für die unterschiedlichsten Anwendungen genutzt werden.

4.1 Dichte Kodierung

Die Verschränkung und Überlagerung erlauben besonders effiziente Manipulationen von Quantensystemen, die hier am Beispiel von Zwei-Zustandssystemen erläutert werden sollen.

Ausgehend von klassischen Bits lässt sich im bekannten Binärsystem immer genau eine Zahl eindeutig darstellen: z. B. mit 3 Bits kann jede der Zahlen 0, 1, 2, 3, … 7 eindeutig als Binärzahl 000, 001, 010, 011, … 111 geschrieben werden. Mit 3 Q-Bits kann man aber durch eine Überlagerung der (Basis)-Zustände $|000\rangle + |001\rangle + |010\rangle + |011\rangle + \ldots + |111\rangle$[1] insgesamt $2^3 = 8$ Zahlen gleichzeitig darstellen. Allgemein lassen sich mit n Q-Bits 2^n Bits kodieren. Deshalb reichen auch für komplexe Probleme relativ wenige Q-Bits aus: mit 10 Q-Bits lassen sich schon 1024 klassische Bits kodieren. Zusätzlich kommen weitere Eigenschaften hinzu.

Bei verschränkten Zuständen mehrerer Q-Bits genügt es, nur ein Q-Bit zu manipulieren, um damit den Gesamtzustand aus allen Q-Bits zu ändern. Dies sieht man bereits bei zwei verschränkten Q-Bits, z. B. im Zustand $\psi_1 = |0\rangle_1 |1\rangle_2 - |1\rangle_1 |0\rangle_2$ (ein Diphoton). In den folgenden Schritten wird ausgehend von ψ_1 nur das erste Q-Bit verändert, das zweite bleibt konstant:

[1] $|000\rangle$ ist die Kurzschreibweise für $|0\rangle_1 |0\rangle_2 |0\rangle_3$.

G. Pospiech, *Quantencomputer & Co*, essentials,
https://doi.org/10.1007/978-3-658-30445-4_4

1. Es wird der Wert gedreht (Bit-Flip): $\psi_2 = |1\rangle_1 |1\rangle_2 - |0\rangle_1 |0\rangle_2$
2. $|1\rangle$ bleibt, $|0\rangle$ erhält ein $-$-Zeichen (eine Phase): $\psi_3 = -|0\rangle_1 |1\rangle_2 - |1\rangle_1 |0\rangle_2 = -(|0\rangle_1 |1\rangle_2 + |1\rangle_1 |0\rangle_2)$
3. Beide Operationen werden nacheinander ausgeführt: $\psi_4 = |1\rangle_1 |1\rangle_2 + |0\rangle_1 |0\rangle_2$

Wegen der Verschränkung verändert die Manipulation nur eines Q-Bits also automatisch den Gesamtzustand.

4.2 Quantenkryptographie

Manchmal möchte man geheime Nachrichten von einem Sender (traditionell Alice) zu einem Empfänger (traditionell Bob) schicken, ohne dass ein Spion (traditionell Eve) diese Nachricht abfangen oder lesen kann. In der Regel wird eine solche Nachricht verschlüsselt. Die Kryptographie beschäftigt sich mit geeigneten Verfahren hierzu. Bei einem symmetrischen Verschlüsselungsverfahren verfügen Alice und Bob über den gleichen Schlüssel, der sowohl zum Verschlüsseln als auch zum Entschlüsseln verwendet werden kann. Ein solcher Schlüssel ist sicher, wenn er hinreichend lang ist (mindestens so lang wie die zu verschlüsselnde Nachricht) und nur einmal verwendet wird (sog. One-Time-Pad). Daher kommt es darauf an, diesen Schlüssel sicher zwischen Alice und Bob auszutauschen. In der Quantenkryptographie kann dieser Schlüsselaustausch mithilfe der Quantenphysik sicher gemacht werden.

Jeder Schlüssel (und jede Nachricht) lassen sich binär als eine zufällige Folge von 0 und 1 darstellen. Damit kann man ein quantenmechanisches Zwei-Zustandssystem zur Kodierung nutzen, wie z. B. Photonen mit ihrem Polarisationszustand. Zudem kann man Photonen flexibel sowohl über Glasfaserkabel als auch den freien Raum schicken. Der Schlüsselaustausch umfasst mehrere Schritte.

Schritt 1: Erzeugung einer Zufallsfolge von 0 und 1 Erzeugt man Photonen im Überlagerungszustand $|H\rangle + |V\rangle$, ergibt sich bei einer Messung unvorhersagbar, aber mit jeweils gleicher Wahrscheinlichkeit, der Zustand $|H\rangle$ oder $|V\rangle$. Man kann $|H\rangle$ mit 0 und $|V\rangle$ mit 1 identifizieren, was die gewünschte perfekte Zufallsfolge ergibt. Dies liegt an den Eigenschaften des quantenphysikalischen Messprozesses, vor allem dem Indeterminismus (s. a. Abschn. 2.1).

Schritt 2: Prinzip des Schlüsselaustauschs Alice und Bob möchten den erzeugten Quantenschlüssel austauschen. Die von Alice gemessenen Photonen werden zu Bob geschickt. Bob misst die ankommenden Photonen mit der gleichen Basis, so

dass sich die Zustände nicht ändern und er daher die gleiche Folge von 0 und 1 erhält, wie Alice sie erzeugt hat. Bei diesem einfachen Vorgehen erhebt sich das Problem, dass Bob nicht sicher sein kann, ob er die richtige Zufallsfolge erhalten hat oder ob Fehler (oder Manipulationen durch einen Spion) aufgetreten sind. Um die Übereinstimmung sicherzustellen, müsste er die gesamte Folge, die er erhalten hat, wieder mit den Ergebnissen von Alice vergleichen. Dies verletzt dann aber die Geheimhaltung. Daher wurde von Charles Bennett und Gilles Brassard im Jahr 1984 ein möglicher Weg vorgeschlagen, das BB84 Protokoll.[2]

Schritt 3: Das BB84-Protokoll Dieses Protokoll nutzt die Unbestimmtheit und ermöglicht damit die Entdeckung eines möglichen Spions (s. Tab. 4.1):

1. Alice misst (präpariert) Photonen entweder in der $+$-Basis oder in der $\times$-Basis (s. Seite 8). Dabei wechselt sie zufällig zwischen diesen beiden Basen und notiert die Nummer des Photons, die gewählte Basis und das Messergebnis (1 oder 0).
2. Alice sendet ihre Photonen zu Bob.
3. Bob misst die empfangenen Photonen gleichfalls in einer eigenen zufälligen Folge von $+$-Basis oder $\times$-Basis. Auch er notiert Nummer des Photons, gewählte Basis und das Messergebnis (1 oder 0).
4. Alice und Bob vergleichen ihre gewählten Basen. Dazu teilt Alice Bob von allen Photonen die Nummer des Photons und die zugehörige Basis mit, aber nicht das Messergebnis. Bob teilt Alice mit, bei welchen Photonen sie die gleiche Basis gewählt haben, also wann sowohl Alice als auch Bob die $+$-Basis oder $\times$-Basis genutzt haben.
5. Als Schlüssel wählen sie die Photonen, bei denen die Basen übereingestimmt haben. Denn dann sind sie sicher (ideale Messungen vorausgesetzt), dass die Messergebnisse übereinstimmen; sie also die gleiche Folge von 0 und 1 verwenden.

Hierbei wird die Eigenschaft des Messprozesses genutzt, dass bei gleicher Bas auch das Messergebnis gleich ist, bei verschiedener Basis aber keine Vorhersa über das Messergebnis getroffen werden kann.

Schritt 4: Test auf Spionage Es könnte aber dennoch ein Spion (Eve) die Ph nen auf dem Weg von Alice zu Bob abgefangen und nach einer eigenen Mes weiter zu Bob geschickt haben. Aber Eve weiß nicht, welche Basen Alice oder bei welchem Photon gewählt haben. Daher muss sie raten und bei ihrer Me

[2]Eine sehr ähnliche Variante mit verschränkten Photonen ist das EK92-Protokoll.

Tab. 4.1 Das BB84 Protokoll. Die obere Hälfte der Tabelle zeigt, wie der Quantenschlüsselaustausch ohne Spion aussieht. Von den ursprünglich gesendeten 20 Photonen können nach dem Vergleich ausgewählter Ergebnisse nur 6 Photonen für den Schlüssel verwendet werden. Die anderen fallen weg, weil entweder die Messbasen verschieden waren oder weil das Ergebnis für den Vergleich verwendet wurde (fett gedruckt oder mit „v" markiert). In der unteren Hälfte wurde angenommen, dass der Spion Eve beide Messbasen abwechselnd verwendet. Bei dem Vergleich ergibt sich bei zwei Photonen eine Differenz, die auf den Spionagevorgang hindeutet. Alice und Bob werden also den Schlüssel komplett verwerfen

Photon	1	2	3	4	5	6	7	8	9	10	11	12	13	14	15	16	17	18	19	20
Basis Alice	+	+	x	+	x	x	x	+	+	+	x	+	+	x	x	x	x	+	+	+
Ergebnis Alice	0	0	0	1	1	1	0	1	0	1	0	0	0	1	1	1	0	0	0	1
Basis Bob	+	+	+	x	x	+	+	+	x	+	x	+	x	x	x	+	+	x	x	+
Ergebnis Bob	0	0	0	0	1	1	0	1	0	1	0	0	1	1	1	0	1	1	1	1
Schlüssel	0	0	–	–	**1**	–	–	1	–	**1**	0	0	–	1	**1**	–	–	–	–	**1**
.. nach Vergleich	0	0	–	–	v	–	–	1	–	v	0	0	–	1	v	–	–	–	–	v
Basis Eve	+	x	+	x	+	x	+	x	+	x	+	x	+	x	+	x	+	x	+	x
Ergebnis E	0	0	1	1	1	1	0	0	0	0	1	1	0	1	1	1	0	0	0	1
Ergebnis Bob/Eve	0	1	1	1	**0**	1	0	0	1	**0**	0	0	1	1	**1**	0	0	0	0	**1**
Vergleich Bob/Alice					F					F					ok					ok

willkürlich die $+$-Basis oder $\times$-Basis wählen. Wenn nun Alice und Bob bei einem Photon beide die $+$-Basis gewählt haben, Eve aber die $\times$-Basis, kann folgendes passieren: Ohne Eves Messung müssen Alice und Bob den gleichen Wert erhalten. Wegen der Unbestimmtheit bringt Eve mit ihrer Messung das von Alice gesendete Photon in einen der Basiszustände der $\times$-Basis. Wenn nun Bob dieses Photon in der $+$-Basis misst, erhält er möglicherweise einen anderen Wert als Alice (s. Tab. 4.1).

Daher schließen Alice und Bob noch einen Schritt an: Sie wählen aus ihrem Schlüssel eine Untermenge von ca. 10 % bis 20 % aus. Bei diesen wissen sie schon, dass die Messbasen übereinstimmen. Nun vergleichen sie zusätzlich die Messergebnisse. Wenn alle Messergebnisse übereinstimmen, gab es mit hoher Wahrscheinlichkeit keinen Spion. Wenn aber zwei Messwerte unterschiedlich sind, dann sind sie sicher, dass jemand spioniert hat.[3] Hier beruht die Entdeckung des Spions also auf Naturgesetzen. Weil auch ein Spion diese nicht aushebeln kann, ist seine Entdeckung auf den ersten Blick zwangsläufig. Daraus ergibt sich die Frage:

Schritt 5: Gibt es Tricks bei der Spionage? Zunächst stellt sich die Frage, ob Eve beispielsweise die von Alice übertragenen Zustände der Photonen abfangen, kopieren und erst dann weiterschicken kann. Dann würden Alice und Bob bei ihrem Vergleich der Testbits keine Auffälligkeit feststellen. Eve könnte nach der Bekanntgabe der gewählten Basen die gespeicherten kopierten Photonen ihrerseits messen und hätte so gleichfalls den Schlüssel. Dieser Möglichkeit schiebt aber das sog. *No-Cloning Theorem* einen Riegel vor. Dieses besagt, dass es keinen quantenmechanischen Prozess gibt, mit dem man beliebige Quantenzustände zuverlässig kopieren könnte. Eve würde also nur einen ziemlich fehlerhaften Schlüssel erhalten.

Auch wenn das Kopieren nicht geht, lassen sich Wissenschaftler einiges einfallen, um die real einsetzbare Technik auf die Probe zu stellen. Bislang haben aber die meisten Überlegungen ihrerseits Schwächen: Entweder erfährt Eve den korrekten Schlüssel nur mit einer gewissen Wahrscheinlichkeit oder man muss die Hardware, mit der die Quantenkryptographie durchgeführt wird, manipulieren (d. h. in das Labor eindringen) oder ein Störfeuer mit vielen Photonen erzeugen, das Alice oder Bob gleichfalls auffallen würde. Als Fazit kann man sagen: Angriffe sind grundsätzlich möglich, aber sehr aufwendig und führen in aller Regel nicht zum vollen Erfolg. Daher ist die Quantenkryptographie genuin sicherer als klassische Methoden.

---

[3]Diese einfache Schlussfolgerung setzt natürlich voraus, dass alle Messungen ideal sind. Aber auch bei nicht idealen Messungen kann man die Wahrscheinlichkeit für die Spionage berechnen.

Experimenteller Nachweis der Möglichkeit der Quantenkryptographie Im Jahr 2004 wurde zum erstenmal mit einer Banküberweisung demonstriert, dass die Quantenkryptographie „alltagstauglich" ist. Das Glasfaserkabel zur Übertragung der Photonen war etwa 1500 m lang und führte von der Bank Austria Creditanstalt durch das Wiener Kanalnetz zum Wiener Rathaus. Zu den Schweizer Parlamentswahlen am 21. Oktober 2007 wurden Daten aus Wahllokalen im Kanton Genf über eine Distanz von ca. 100 km in die Bundesstadt Bern übertragen. Mittlerweile hat man auch den Schlüsselaustausch über eine freie Strecke von über 150 km und sogar über Satelliten realisiert. Zudem gibt es inzwischen kommerzielle Geräte zur Quantenverschlüsselung.

4.3 Quantenteleportation

Teleportation ist vielen seit den Star Trek Filmen ein Begriff. Menschen werden „gebeamt", wobei der Mechanismus allerdings im Dunkeln bleibt. Die Quantenphysik kann dort nicht helfen, im Gegenteil, sie verbietet die Teleportation eigentlich wegen der Heisenbergschen Unbestimmtheitsrelationen. Demgemäß handelt es sich bei der Quantenteleportation um etwas völlig anderes, nämlich die Teleportation von Zuständen. Es wird keinerlei materielles Objekt, Photon, Energie oder klassische Information von einem Ort zum anderen gebracht. Beispielhaft soll der Zustand $\psi_1 = \alpha\,|0\rangle + \beta\,|1\rangle$ eines Photons von Alice zu Bob teleportiert werden, der an einem anderen Ort ist. Dabei ist zentral, dass der Zustand exakt übertragen, aber auch nicht kopiert wird (wegen des No-Cloning-Theorems). Damit könnte die Quantenteleportation zur Übertragung von Zuständen zwischen Quantenregistern in einem Quantencomputer dienen, weil man Q-Bits weder kopieren noch während einer Rechnung auslesen kann. In diesem Zusammenhang wird die Quantenteleportation mithilfe von Quantengattern umgesetzt (Homeister 2018). Grundlage der Quantenteleportation ist die Verschränkung.

Idee der Teleportation Die Teleporation nutzt, dass man zwei miteinander verschränkte Photonen (Diphoton) räumlich voneinander trennen kann (wie im EPR-Experiment), während das Diphoton physikalisch dennoch ein einziges Objekt bleibt (Nichtseparabilität). Auch ist jede Einwirkung auf ein Teilphoton nichtseparabel in dem Sinne, dass sie sich gleichzeitig auf das andere Teilphoton erstreckt (s. a. Abschn. 4.1). Dies bedeutet, dass in einem Diphoton mögliche Information nicht fest lokalisiert, sondern potenziell überall im Gesamtsystem verfügbar ist. Das darf nicht mit einer Fernwirkung verwechselt werden, mit der eine vorhandene Information überlichtschnell transportiert werden könnte.

Ablauf Der Ablauf ist schematisch in Abb. 4.1 dargestellt.

1. Man erzeugt ein Diphoton $\varphi = \frac{1}{\sqrt{2}}(|0_2, 0_3\rangle + |1_2, 1_3\rangle)$ und sendet Teilphoton 2 zu Alice (A), Teilphoton 3 zu Bob (B).
2. Alice verschränkt das Photon im zu teleportierenden Zustand ψ_1 mit ihrem Teilphoton 2 aus dem Diphoton φ. Damit ergibt sich ein verschränkter Gesamtzustand mit drei Photonen (ein *Triphoton*). Man kann also nicht mehr von Zustand ψ_1 und dem Diphoton getrennt sprechen. Die gesamte mögliche Information läßt sich nur noch dem Gesamtsystem, nicht mehr einzelnen Teilen, zuordnen. Dies ermöglicht, dass man sich den Gesamtzustand als zusammengesetzt aus einem neuen Diphoton $\tilde{\varphi}$, das aus den beiden Photonen 1 und 2 auf Alices Seite besteht, und dem Teilphoton 3 bei Bob vorstellen kann (s. Kasten „Mathematische Darstellung der Teleportation").
3. Um den Zustand ψ_1 zu Bob zu teleportieren, führt Alice eine *Bell-Messung* an ihrem Diphoton $\tilde{\varphi}$ durch. Dadurch bleibt bei ihr ein Diphoton erhalten, aber die Verschränkung mit Teilphoton 3 wird aufgehoben. Wegen der Bell-Messung ist Teilphoton 3 in einem von vier verschiedenen möglichen Zuständen.

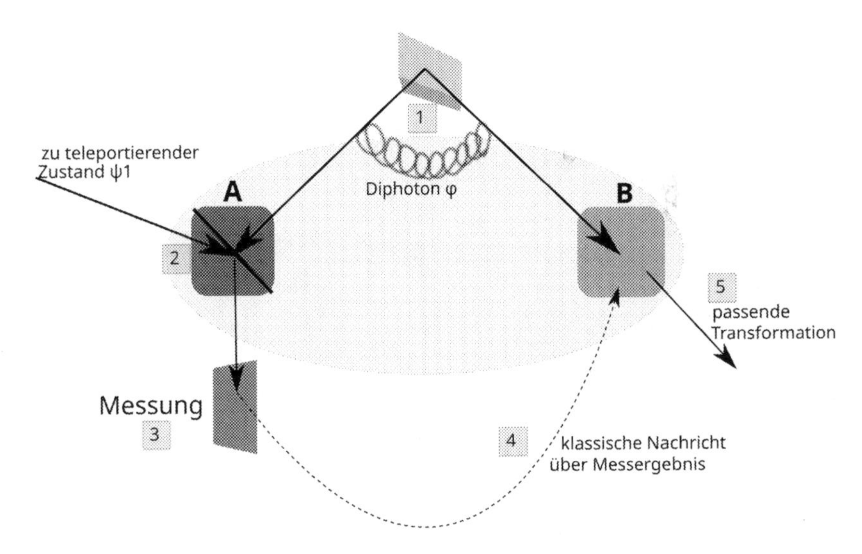

Abb. 4.1 Darstellung des Ablaufs der Quantenteleportation. Die Zahlen beziehen sich auf die im Text beschriebenen Schritte 1–5

4. Nun sendet Alice an Bob das Ergebnis ihrer Bell-Messung auf einem klassischen Funkkanal. Da ihre Messung 4 mögliche Ausgänge hat, muss sie nur 2 klassische Bit senden. Dadurch weiß Bob, in welchem der vier möglichen Zustände sich das Photon 3 bei ihm befindet.
5. Bob muss die passende Transformation durchführen, um Photon 3 in den richtigen Zustand zu bringen. Dennoch weiß er nur, *dass* sein Photon sich im richtigen Zustand befindet; er kennt ihn aber nicht, weil eine Messung ihn zerstören würde.

Bei diesem Vorgehen wird die Spezielle Relativitästheorie nicht verletzt, weil die Herstellung des korrekten Zustands erfordert, dass die entscheidenden 2 Bit auf klassischem Wege gesendet werden.

Experimentelle Realisierung Die Quantenteleportation wurde mit Photonen zum erstenmal 1997 an der Universität Wien realisiert (Bouwmester et al. 1997). 2004 gelang es, Quantenteleportation mit Ionen durchzuführen. Im gleichen Jahr wurde erstmals außerhalb des Labors der Quantenzustand eines Photons über eine Strecke von 600 m über Glasfaserkabel teleportiert. 2010 schaffte man den Sprung zu einer 16 km langen Freilandübertragung (Jin et al. 2010).

Mathematische Darstellung der Teleportation

Die Schritte 1–5 lassen sich mithilfe der Dirac-Notation mathematisch nachvollziehen. Im Schritt 2 wird ein Triphoton im Gesamtzustand $\Psi = \psi_1 \otimes \varphi$ erzeugt:

$$\begin{aligned}\Psi &= (\alpha\,|0_1\rangle + \beta\,|1_1\rangle) \otimes \frac{1}{\sqrt{2}}(|0_2, 0_3\rangle + |1_2, 1_3\rangle) \\ &= \frac{1}{\sqrt{2}}(\alpha\,|0_1, 0_2, 0_3\rangle + \alpha\,|0_1, 1_2, 1_3\rangle + \beta\,|1_1, 0_2, 0_3\rangle + \beta\,|1_1, 1_2, 1_3\rangle)\end{aligned}$$

Diesen Ausdruck formt man so um, dass der Zustand ψ_1 bei Bob verfügbar ist, d. h. die mögliche Information α und β des Zustands ψ_1 muss dem Photon 3 zugeordnet werden:

$$\begin{aligned}\Psi = \frac{1}{\sqrt{2}}(&|0_1, 0_2\rangle \otimes \alpha\,|0_3\rangle + |1_1, 1_2\rangle \otimes \beta\,|1_3\rangle \\ &+ |0_1, 1_2\rangle \otimes \alpha\,|1_3\rangle + |1_1, 0_2\rangle \otimes \beta\,|0_3\rangle)\end{aligned}$$

Nun wird dieses Triphoton so umgeschrieben, dass es nach einer Messung zu einem Produktzustand wird. Dies wird dadurch erreicht, dass bei Alice ein verschränkter Zustand von Photon 1 und Photon 2 vorliegt:

$$\begin{aligned}\Psi = \frac{1}{2\sqrt{2}}\{(|0_1, 0_2\rangle - |1_1, 1_2\rangle) \otimes (\alpha\,|0_3\rangle - \beta\,|1_3\rangle) \\ + (|0_1, 0_2\rangle + |1_1, 1_2\rangle) \otimes (\alpha\,|0_3\rangle + \beta\,|1_3\rangle)\} \\ + \frac{1}{2\sqrt{2}}\{(|0_1, 1_2\rangle - |0_1, 1_2\rangle) \otimes (\alpha\,|1_3\rangle - \beta\,|0_3\rangle) \\ + (|0_1, 1_2\rangle + |1_1, 0_2\rangle) \otimes (\alpha\,|1_3\rangle + \beta\,|0_3\rangle)\}\end{aligned}$$

Alice führt nun die Bell-Messung aus Schritt 3 durch. Damit wird die Verschränkung der Photonen aufgehoben. Das Ergebnis der Messung wird in Schritt 4 an Bob versandt. Dann weiß Bob, welcher der 4 möglichen Zustände seines Photons 3 vorliegt und kann es entsprechend manipulieren (Schritt 5). Wenn Alice beispielsweise das Ergebnis $|0_1, 1_2\rangle + |1_1, 0_2\rangle$ erhalten hat, liegt bei Bob der Zustand $\alpha\,|1_3\rangle + \beta\,|0_3\rangle$ vor. Er muss also einen Bit-Flip durchführen, d. h. 0 und 1 vertauschen, um den Originalzustand zu erhalten.

Was in den letzten Abschnitten behandelt wurde

- Mithilfe von Q-Bits lässt sich Information dicht kodieren.
- Quantenkryptographie mit dem BB84 Protokoll ist wegen der Unbestimmtheit sicher.
- In der Quantenteleportation werden mithilfe der Verschränkung Zustände „blind" teleportiert.

4.4 Quantencomputer

Eine der faszinierendsten und visionärsten Anwendungen der Quantenphysik ist der Quantencomputer. Der Weg von einer Vision in den 1980er Jahren bis hin zu den ersten funktionierenden Quantencomputern in den 2010er Jahren wurde außerordentlich schnell zurückgelegt. Für ein äußerst spezielles Problem wurde im Herbst

2019 sogar die Quantenüberlegenheit eines Quantencomputers nachgewiesen. Wie rasch sich dieses Gebiet etabliert, zeigt das Erscheinen von Lehrbüchern, wie z. B. (Homeister 2018). Auch in den Medien wird viel über Geschwindigkeit und Rechenmacht eines Quantencomputers geschrieben und dabei teilweise übertrieben oder es werden sensationsheischende Schlagzeilen gewählt. Die folgenden Ausführungen sollen helfen, solche Berichte einzuordnen. Einige grundsätzliche Bemerkungen wurden schon im Abschn. 2.3 gemacht.

Der einfachste Quantenalgorithmus Die Prinzipien eines Quantencomputers und die Implementierung eines Quantenalgorithmus können mit einem sehr bekannten, einfachen Beispiel demonstriert werden, das bereits im Jahr 1985 von David Deutsch vorgeschlagen und 1992 gemeinsam mit Richard Josza verallgemeinert wurde. Daher sind diese Algorithmen unter den Namen „Deutsch-Algorithmus" oder „Deutsch-Josza-Algorithmus" bekannt. Das zugrunde liegende Problem des Deutsch-Algorithmus kann mit folgender Frage veranschaulicht werden:

> Wie viele Versuche benötigt man mindestens, um zu entscheiden, ob eine Münze entweder echt (Kopf und Zahl) oder unecht (auf beiden Seiten das gleiche Symbol) ist?[4]

Um die Echtheit der Münze zu entscheiden, muss man sich beide Seiten anschauen. Die Münze ist echt, wenn beide Seiten verschieden sind. Wenn beide Seiten gleich sind, ist die Münze falsch. Stellen wir uns vor, dass es eine Maschine (ein *Orakel*) gibt, in die wir die Münze werfen können und die eine Münzseite lesen kann. Nun ist die Nutzung dieser Maschine teuer; sie soll also so wenig wie möglich genutzt werden. In der klassischen Welt muss die Maschine mindestens zweimal eingesetzt werden; sie muss nämlich jede Seite einmal lesen. In der Quantenwelt reicht es aber aus, diese Maschine nur einmal zu verwenden.

Das Problem wird in mathematische Ausdrücke übersetzt. Wir übersetzen: $obereSeite \longrightarrow 0$, $untereSeite \longrightarrow 1$ und für die Ausgabe der Maschine: $Kopf \longrightarrow 0$, $Zahl \longrightarrow 1$. Also haben wir die Zuordnung des Orakels: $\{oben, unten\} \longrightarrow \{Kopf, Zahl\}$. Dies wird mathematisch über eine Funktion $f : \{0, 1\} \longrightarrow \{0, 1\}$ beschrieben. Wenn f konstant ist, d. h. $f(0) = f(1)$, ist die Münze unecht (weil beide Seiten gleich sind), wenn $f(0) \neq f(1)$, ist die Münze echt (weil beide Seiten verschieden sind).

[4]Der Deutsch-Josza-Algorithmus löst das Problem mit n Münzen, indem bestimmt wird, ob die Hälfte der Münzen echt ist.

Weil Transformationen in der Quantenphysik reversibel sind, muss auch der gesuchte Algorithmus reversibel sein, das heißt, jede Eingabe ist eineindeutig mit einer Ausgabe verknüpft. Wenn nur eingelesen wird, welche Seite die Maschine liest, (d. h. nur ein Q-Bit genutzt wird), ist dies nicht möglich: Denn wenn die Funktion f konstant ist, führt jede Eingabe zum gleichen Wert der Ausgabe. Daher werden zwei Q-Bits benötigt, die im folgenden mit x und y bezeichnet werden. Nun konstruiert man die Eingaben und Ausgaben unter Verwendung der Funktion f so, dass jeder Ausgabe eindeutig eine Eingabe zugeordnet ist. In Tab. 4.2 sind alle möglichen Eingaben und Ausgaben aufgelistet, in Abhängigkeit davon, ob f konstant ist oder nicht.

Um in der Rechnung die Eigenschaften der Quantenphysik nutzen zu können, stellt man eine Überlagerung der Basiszustände $|0\rangle$ und $|1\rangle$ sowohl im x- als auch im y-Q-Bit her. Außerdem verschränkt man beide Q-Bits. Dies ermöglicht es, mehrere Zustände zugleich mit einer einzigen Anwendung des Orakels zu verändern. Der prinzipielle Ablauf des Algorithmus, der typisch für Quantenalgorithmen ist, ist in Abb. 4.2 dargestellt. Der Detailablauf findet sich im Kasten auf der nächsten Seite.

Man bestimmt also mit nur einer Anwendung von f, d. h. des Orakels U_f, ob f konstant ist oder nicht. Mit Mitteln der klassischen Physik wären mindestens zwei Anwendungen von f notwendig gewesen. In diesem sehr einfachen Fall ist der Aufwand sehr hoch, aber bei komplexeren Problemen wie der Analyse von vielen Münzen bietet der entsprechende Algorithmus wegen der möglichen Verschränkung eine exponentielle Beschleunigung. In der klassischen Physik gibt es keine entsprechende Möglichkeit.

Tab. 4.2 Wertetabelle zum Deutsch-Algorithmus. Dabei wird das Orakel berücksichtigt, indem alle möglichen Funktionen aufgelistet werden, die {0, 1} auf {0, 1} abbilden. Man kann sich vergewissern, dass der Algorithmus in allen Fällen reversibel ablaufen kann, weil jeder Ausgabe eindeutig eine Eingabe zugeordnet werden kann

Eingabe		Ausgabe		f konstant		f nicht konstant	
x	y	x	$y + f(x)$	$f \equiv 0$	$f \equiv 1$	$f(0) = 0$, $f(1) = 1$	$f(0) = 1$ $f(1) = 0$
0	0	0	0+f(0)	0	1	0	1
0	1	0	1+f(0)	1	0	1	0
1	0	1	0+f(1)	0	1	1	0
1	1	1	1+f(1)	1	0	0	1

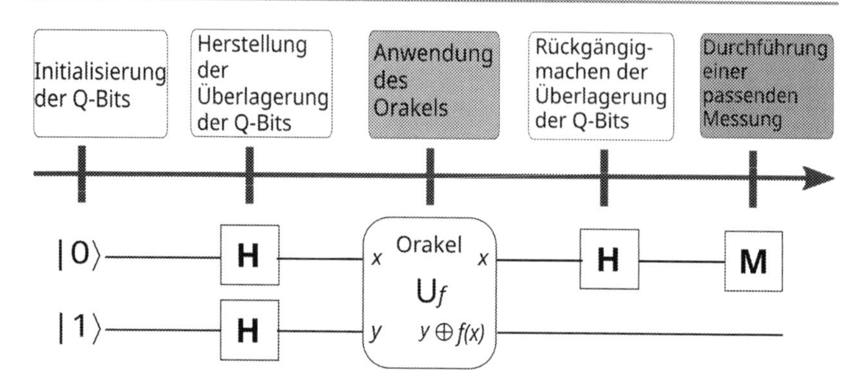

Abb. 4.2 Schrittfolge des Deutsch-Algorithmus als Prinzipbild (oben) und als Quantenschaltkreis (unten). H bedeutet das Hadamard-Gatter, U_f die Anwendung des Orakels und M die abschließende Messung von Q-Bit 1

Ablauf des Deutsch-Algorithmus

Schritt 1: Initialisierung des Startzustands $|\psi\rangle = |0\rangle|1\rangle = |0, 1\rangle$

Schritt 2: Herstellung der Überlagerung $|\psi_1\rangle = \frac{1}{\sqrt{2}}\left[|0\rangle + |1\rangle\right] \cdot \frac{1}{\sqrt{2}}\left[|0\rangle - |1\rangle\right]$. Dieser Schritt erzeugt zugleich eine maximale Verschränkung, denn Ausmultiplizieren ergibt $|\psi_1\rangle = \frac{1}{2}\left(|0,0\rangle + |1,0\rangle - |0,1\rangle - |1,1\rangle\right)$.

Schritt 3: Einmalige Anwendung von f, d. h. des Orakels U_f, auf die Überlagerung der x-Werte. Dies ergibt gemäß der Fallunterscheidung in der Tab. 4.2:

$$|\psi_2\rangle = \begin{cases} \pm\frac{1}{2}\left(|0\rangle + |1\rangle\right)\left(|0\rangle - |1\rangle\right) & f(0) = f(1) \\ \pm\frac{1}{2}\left(|0\rangle - |1\rangle\right)\left(|0\rangle - |1\rangle\right) & f(0) \neq f(1) \end{cases}$$

Schritt 4: Da die Überlagerung keine eindeutigen Messwerte zulässt, macht man für das erste Register die Überlagerung wieder rückgängig und erhält

$$|\psi_3\rangle = \begin{cases} \pm\frac{1}{\sqrt{2}}|0\rangle\left(|0\rangle - |1\rangle\right) & f(0) = f(1) \\ \mp\frac{1}{\sqrt{2}}|1\rangle\left(|0\rangle - |1\rangle\right) & f(0) \neq f(1) \end{cases}$$

Schritt5: Nun wird das erste Register gemessen. Wenn man den Zustand $|0\rangle$ erhält, ist f konstant (die Münze ist unecht) und wenn $|1\rangle$, dann ist f nicht konstant (die Münze ist echt).

Implementierung eines Quantenalgorithmus An diesem beispielhaften Vorgehen werden die Schritte deutlich, die in einem Quantenalgorithmus ablaufen müssen. Wie die einzelnen Schritte in einem realen Quantencomputer technisch realisiert werden, hängt von dem physikalischen System ab, das verwendet wird. Hier folgt die abstrakte Beschreibung.

- Die Initialisierung der Q-Bits ist ein wichtiger Aspekt, der letztendlich einem Messprozess entspricht. Aus Praktikabilitätsgründen, wegen notwendiger Wiederholung von Rechnungen oder der Quantenfehlerkorrektur, muss er vor allen Dingen auch schnell ablaufen.
- Die Überlagerung wird mithilfe von sog. Hadamard-Gattern, üblicherweise mit H gekennzeichnet, erzeugt.
- Der zentrale Teil ist das Orakel, die Durchführung einer Rechnung oder anderer notwendiger Transformationen, die zur Problemlösung führen.
- Nach der Rechnung muss die Überlagerung durch erneute Anwendung eines Hadamard-Gatters rückgängig gemacht werden. Dabei werden die Zustände so transformiert, dass die Wahrscheinlichkeit, das richtige Ergebnis zu erhalten, maximiert wird.
- Das Ergebnis wird in einem geeigneten Messprozess ausgelesen. Dies ist ein kritischer Punkt bei einem Quantencomputer. Die Zustände müssen so überlagert werden, dass sich eine maximale Interferenz auf dem richtigen Ergebnis ergibt. Der Messprozess führt zwar nur zu einem der möglichen Messergebnisse, soll aber mit hoher Wahrscheinlichkeit das richtige treffen. Eventuell muss der Rechenvorgang daher mehrfach wiederholt werden, um mithilfe der Statistik das wahrscheinlichste richtige Ergebnis zu bestimmen.

Quantengatter Es stellt sich die Frage, mit welchen Transformationen (hier Gatter genannt) der zentrale Teil, der eigentliche Algorithmus, realisiert werden kann. Grundsätzlich kann man die Gatter danach unterscheiden, ob sie auf ein Q-Bit oder auf zwei Q-Bits zugleich wirken. Die Gatter müssen in jedem Falle als Drehung interpretiert werden können. Im Falle der 1-Q-Bit-Gatter wird dies mit der Blochkugel veranschaulicht. Die wichtigsten 1-Q-Bit-Gatter sind: ID, NOT, Phase-Shift/Flip und das Hadamard-Gatter. Mithilfe von 2-Q-Bit-Gattern werden Verschränkungen erzeugt. Diese sind in erster Linie CNOT-Gatter und SWAP-Gatter. In den Tab. 4.3 und 4.4 werden die wichtigsten Gatter beispielhaft in verschiedenen Darstellungen aufgeführt. Man kann beweisen, dass diese Gatter ausreichen, um alle denkbaren Algorithmen zu realisieren, die auch auf einem klassischen Computer möglich wären.

Algorithmen Die möglichen Einsatzgebiete von Quantencomputern sind ein aktueller Forschungsgegenstand. Dabei muss man berücksichtigen, dass man bis heute nur von einigen ausgewählten Problemen (und damit Algorithmen) weiß, dass sie mit einem Quantencomputer prinzipiell deutlich schneller gelöst werden können als mit einem klassischen Computer. Entscheidend für die Geschwindigkeit ist zum einen die Komplexität des Problems und zum anderen die möglichen Algorithmen. Die Analyse der Komplexität ist ein eigener Zweig der Informatik und muss für Quantencomputer neu gedacht werden.

Tab. 4.3 Die wichtigsten 1-Q-Bit-Gatter. Der rote Pfeil in der Blochkugel-Darstellung bedeutet den Ausgangszustand, der blaue Pfeil jeweils den Endzustand. Der blaue Bogen symbolisiert die Drehung. Die Matrix ist in der Standarddarstellung gezeigt

Name	**ID**	**NOT**	**Phase-Shift**	**Hadamard**
Zeichen	ID		R_φ	H
Einsatzzweck	Initialisieren von Q-Bits	Initialisieren von Q-Bits	Herstellen von Interferenz	Herstellen/ Rückgängig machen von Überlagerung
Blochkugel	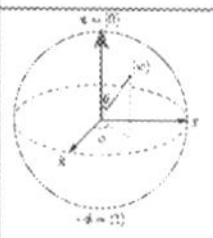	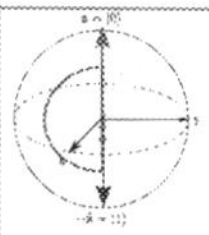	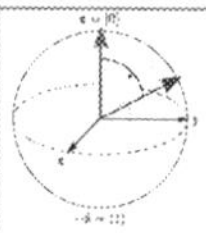	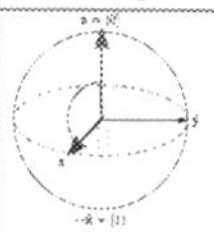
Dirac-Notation	$\|0\rangle \longrightarrow \|0\rangle$, $\|1\rangle \longrightarrow \|1\rangle$	$\|0\rangle \longrightarrow \|1\rangle$, $\|1\rangle \longrightarrow \|0\rangle$	$\|0\rangle \longrightarrow e^{\iota\varphi}\|0\rangle$, $\|1\rangle \longrightarrow e^{\iota\varphi}\|1\rangle$	$\|0\rangle \longrightarrow \frac{1}{\sqrt{2}}(\|0\rangle - \|1\rangle)$ $\|1\rangle \longrightarrow \frac{1}{\sqrt{2}}(\|0\rangle + \|1\rangle)$
Matrix	$\begin{pmatrix} 1 & 0 \\ 0 & 1 \end{pmatrix}$	$\begin{pmatrix} 0 & 1 \\ 1 & 0 \end{pmatrix}$	$\begin{pmatrix} 1 & 0 \\ 0 & e^{\iota\varphi} \end{pmatrix}$	$\frac{1}{\sqrt{2}}\begin{pmatrix} 1 & 1 \\ 1 & -1 \end{pmatrix}$

Tab. 4.4 Die wichtigsten 2-Q-Bit-Gatter

Name	**CNOT**	**SWAP**
Zeichen		
Einsatzzweck	Herstellen von Verschränkung	
Dirac-Notation	$\|0,0\rangle$, $\|0,1\rangle$ bleiben $\|1,0\rangle \longrightarrow \|1,1\rangle$ $\|1,1\rangle \longrightarrow \|1,0\rangle$	$\|0,0\rangle$, $\|1,1\rangle$ bleiben $\|1,0\rangle \longrightarrow \|0,1\rangle$ $\|0,1\rangle \longrightarrow \|1,0\rangle$
Matrix	$\begin{pmatrix} 1&0&0&0 \\ 0&1&0&0 \\ 0&0&0&1 \\ 0&0&1&0 \end{pmatrix}$	$\begin{pmatrix} 1&0&0&0 \\ 0&0&1&0 \\ 0&1&0&0 \\ 0&0&0&1 \end{pmatrix}$

Algorithmen sind umso effizienter, je besser sie die Struktur eines Problems nutzen können. Dies gilt sowohl für klassische wie für Quantenalgorithmen. Das Beispiel des Deutsch-Algorithmus hat schon gezeigt, dass Quantencomputer Vorteile bieten, wenn ein Problem keine Struktur hat, man also die gleiche Operation sehr oft durchführen muss, wie z. B. bei Suchvorgängen oder Optimierungen. In solchen Fällen muss ein klassischer Computer einen Fall nach dem anderen untersuchen (z. B. schauen, ob die Münzseite Kopf oder Zahl hat, oder ob ein Datenbankeintrag bestimmte Eigenschaften hat). Aber ein Quantencomputer kann, wie bei dem vorgestellten Deutsch-Algorithmus, die Möglichkeiten der Überlagerung und Verschränkung nutzen und so viele Fälle auf einmal anschauen (wie z. B. beide Seiten einer Münzen oder alle Datenbankeinträge auf einmal). In diese Richtung gehen die meisten bislang bekannten Quantenalgorithmen. Diese sind

- der bereits beschriebene Deutsch-Josza-Algorithmus
- der Bernstein-Vazirani Algorithmus, eine Verallgemeinerung des Deutsch-Josza-Algorithmus

Diese Algorithmen benötigen deutlich weniger Funktionsaufrufe als klassische Algorithmen (meist $O(n)$-Funktionsaufrufe, wobei n ein Maß für die Größe des Problems ist). Allerdings gibt es für diese sehr künstlichen Algorithmen keine praktische Anwendung. Dies ist anders bei einem bedeutenden Algorithmus:

- Quanten-Fourier-Transformation: Dieser Algorithmus bildet die Grundlage sowohl des
  - Shor-Algorithmus, der erste dieser Art, als auch des
  - Phasen-Schätz-Algorithmus oder Kitaev-Algorithmus, der in der Lage sein könnte, klassische Algorithmen, die häufig verwendet werden, deutlich zu beschleunigen.

Diese Algorithmen sind exponentiell schneller als die entsprechenden klassischen Algorithmen. Daher hat der Shor-Algorithmus 1992 die Forschung an Quantencomputern in das Zentrum des Forschungsinteresses gerückt. Wieder eine andere Klasse von Algorithmen, für die man Quantencomputer besonders geeignet hält, ist die

- Quantensimulation, bei der ein Quantensystem andere Quantensysteme simuliert. Man kann am Beispiel der Berechnung eines Systems aus n Zwei-Zustandssystemen leicht sehen, dass man nicht 2^n klassische Bits für die Simulation benötigt, sondern nur n Q-Bits. Ab $n = 50$ wird dies hoch interessant. Besonders für die Berechnung von komplexen Molekülen und die Vorhersage ihrer Eigenschaften sieht man Vorteile. Diese spielen besonders bei der Entwicklung neuer Medikamente oder Werkstoffe eine wichtige Rolle.

Einer der ersten gefundenen Algorithmen, allerdings „nur" mit einer polynomialen Beschleunigung, ist

- der Grover-Algorithmus, der die Suche in einer unstrukturierten Datenbank beschleunigt. Ein klassischer Sortieralgorithums, der eines von n Elementen bestimmen soll, braucht im Mittel $\frac{n}{2}$ Schritte, während ein Quantencomputer die Größenordnung von $\sqrt{n}$ Schritten benötigt.
- ein Zählalgorithmus. Diese Verallgemeinerung des Grover-Algorithmus wurde von Brassard, Hoyer und Tapp (1998) entwickelt, die zeigten, dass der Grover-Algorithmus auch die Suche beschleunigen kann, wenn zusätzliche Strukturen vorliegen. Zumindest lässt sich die Zahl der zutreffenden Einträge in der Datenbank schneller als mit klassischen Algorithmen abschätzen.

Es ist hierbei interessant, dass die Beschäftigung mit der Optimierung von Algorithmen nicht nur zu neuen Quantenalgorithmen führt, sondern teilweise auch bereits bekannte klassische Algorithmen verbessert werden (Calude und Calude 2020).

Physikalische Realisierungsmöglichkeiten für Quantencomputer Seit der erste Quantenalgorithmus mit realistischen Anwendungsmöglichkeiten, der

Shor-Algorithmus, veröffentlicht wurde, intensivierte sich die Forschung an Realisierungsmöglichkeiten. Bis heute gelten die bereits im Jahr 2000 veröffentlichten Kriterien von DiVincenzo als Maßstab für die Beurteilung von möglichen Quantensystemen (DiVincenzo 2000). Sein Katalog umfasst fünf Punkte:

1. Ein skalierbares physikalisches System mit gut charakterisierbaren Q-Bits
2. Schnelle und zuverlässige Präparierbarkeit von Q-Bits, eine wichtige Voraussetzung für Fehlerkorrektur
3. Dekohärenzzeiten, die deutlich länger sind als die Schaltzeiten eines Gatters, damit innerhalb der Kohärenzzeit viele Operationen durchgeführt werden können
4. Ein vollständiger Satz an Quantengattern, die sich gut realisieren lassen.
5. Etablierung eines passenden, schnellen Messprozesses mit großer Zuverlässigkeit

Bis heute gibt es kein System, das alle diese Punkte ohne Einschränkungen erfüllt. Die Hauptschwierigkeit ist, dass Quantensysteme sich automatisch mit ihrer Umgebung verschränken, was zur Dekohärenz führt, d. h. dem Verlust der Quanteneigenschaften, insbesondere der Überlagerung. Dies macht eine Fehlerkorrektur in großem Umfang notwendig. An entsprechenden Techniken wird im Moment intensiv geforscht. Dabei befindet man sich in einem Dilemma: Je größer das Quantensystem, desto schwerer ist es zu beherrschen und in einem Quantenzustand zu halten. Andererseits benötigt man für die Fehlerkorrektur pro „rechnendem" Q-Bit ca. 10 Hilfs-Q-Bits (ancilla), was seinerseits die Systeme gewaltig aufbläht und noch mehr Fehlerkorrektur notwendig macht. Man sollte also Fehler erst gar nicht entstehen lassen, damit man sie nicht hinterher mühsam korrigieren muss. Ein wesentlicher Faktor dabei ist, die Gatteroperationen mit einer hohen Präzision auszuführen.

Momentan gibt es unterschiedliche Ansätze zu Realisierung von Quantencomputern. Am aussichtsreichsten erscheint es, sich auf etablierte Fertigungstechniken zu verlassen. Welche Techniken dazu gehören, hat sich in der noch kurzen Geschichte des Quantencomputers bereits ein paarmal geändert, wobei sich noch keine endgültige Technologie etabliert hat. Im folgenden werden einige Möglichkeiten vorgestellt.

Kernspinresonanz In den 1990er Jahren hatten Quantencomputer auf Basis der Kernspinresonanz (NMR-Quantencomputer) einen Startvorteil, weil diese Technik ausgereift war, in zahlreichen Anwendungen genutzt wurde und wird (z. B. in der Magnetresonanztomographie MRT) und bei Zimmertemperatur einsetzbar ist. In dieser Methode sind die Q-Bits in einem Magnetfeld ausgerichtete Spins von

Atomkernen, die up oder down ausgerichtet sind und miteinander gekoppelt werden können. In den ersten Ansätzen waren die Atomkerne Bestandteile passend designter Moleküle in einer flüssigen Lösung. Diese Moleküle besitzen mehrere Kernspins, die sich in einem Magnetfeld ausrichten und auch gegenseitig beeinflussen. Es wurde z. B. durch Verwendung von Isotopen modifiziertes Koffein oder Chloroform verwendet. Die Quantengatter, wie das Hadamard-Gatter, werden durch Radiowellenpulse realisiert, die spezifisch einzelne Kernspins drehen können und dadurch Überlagerungszustände herstellen. Die Kopplung der Kernspins untereinander erlaubt die Realisierung eines CNOT-Gatters.

Da die Technik beherrscht wurde, hatte man sehr schnelle Anfangserfolge: Bereits 1997 wurden der Deutsch-Algorithmus, der Grover-Algorithmus und wenig später der Shor-Algorithmus mit einem Molekül mit 7 Kernspins (Q-Bits) realisiert. 2001 konnte man die Zahl 15 faktorisieren.

Von den 5 DiVincenzo-Kriterien sind allerdings 1, 2 und 5 nicht gut erfüllt: Die Q-Bits müssen in einem Molekül enthalten sein. Je mehr Kernspins aber in einem Molekül sind, desto schlechter lassen sie sich einzeln ansprechen. Ein Molekül mit 100 funktionierenden Q-Bits kann man sich schlecht vorstellen. Wegen der Zimmertemperatur ist auch die Herstellung des Grundzustands langwierig. Der Messprozess erfordert eine Relaxationszeit. Daher sind flüssige NMR-Quantencomputer nicht vorstellbar. Heute experimentiert man eher mit Kernspinresonanztechniken, angewandt auf Festkörper.

Quantencomputer mit Photonen Die ersten wegweisenden Experimente hin zur Beherrschung der Quanteneigenschaften wie Unbestimmtheit und Verschränkung und damit der Eigenschaften von Q-Bits wurden mithilfe von Photonen erreicht. Daher läge es nahe, auch Quantencomputer auf Basis von Photonen zu bauen. Ein solcher hätte den Vorteil, dass Photonen von sich aus beweglich sind, also Informationen transportieren können, aber zugleich den Nachteil, dass Photonen nicht miteinander wechselwirken. Dies bedeutet, dass man nicht ohne weiteres Quantengatter realisieren kann. Für die Kopplung von Photonen werden Hilfsobjekte benötigt. Dies können Polarisatoren, optisch aktive Materialien oder aber Strahlteiler sein. Wenn zwei Photonen gleichzeitig auf einen Strahlteiler treffen, können sie miteinander verschränkt werden. Ein halbdurchlässiger Spiegel realisiert das Hadamard-Gatter (d. h. erzeugt eine Überlagerung) und ein Mach-Zehnder-Interferometer realisiert zwei Hadamard-Gatter nacheinander.

In eine ganz andere Richtung geht die Nutzung von Hohlräumen, d. h. Resonatoren, in die man einzelne Atome einsperrt. Ein solches Atom kann ein Photon absorbieren und so seinen Energiezustand ändern. Wenn ein zweites Photon eingestrahlt wird, hängt der weitere Prozess von dem Energiezustand des Atoms ab.

Dadurch werden beide Photonen miteinander gekoppelt. Dieser Ansatz ist verglichen mit den im folgenden beschriebenen Ansätzen noch nicht weit vorangeschritten. Das Haupteinsatzgebiet von Photonen liegt wegen ihrer Beweglichkeit in der Quantenkommunikation und dem "Quanteninternet".

Ionen in Ionenfallen Eine 1995 vorgeschlagene und bereits ab ca. 2000 realisierte Möglichkeit sind lineare Ionenfallen. 2003 wurde das erstemal der Deutsch-Josza-Algorithmus mit einem Ionenfallen-Computer realisiert. Hierbei werden Ionen, z. B. Kalziumionen oder Ytterbiumionen, in einer linearen Ionenfalle, einer sog. Paul-Falle, gefangen. Die Ionen werden bei Temperaturen von ca. $4K$ nahe dem absoluten Nullpunkt und in einem Vakuum durch elektrische Wechselfelder an ihrer Stelle gehalten. Die Kopplung zwischen den Ionen geschieht durch ihre gegenseitige elektrische Abstoßung.

Ein Q-Bit ist definiert durch den Grundzustand und einen angeregten Zustand eines der Ionen. Diese beiden Zustände müssen so gewählt werden, dass sie möglichst unempfindlich gegenüber äußeren Einflüssen sind, damit die Dekohärenzzeit möglichst lang ist (ca. $1s$) und viele Gatter-Schaltungen möglich sind. Die Schaltung der Gatter selber geschieht durch Laserpulse mit genau definierter Wellenlänge (Frequenz). Damit lassen sich die Ionen sehr schnell (Dauer ca. $100\,\mu s$) in den gewünschten Ausgangszustand bringen, transformieren und ihr Zustand über Beobachtung der Fluoreszenz auslesen. Zusätzlich kann man durch Paare von Laserstrahlen die Schwingungen zwischen den Ionen selber gezielt anregen, sodass auch 2-Q-Bit-Gatter realisierbar sind. Zudem dienen die Schwingungen zwischen den Ionen oder sogar der gesamten Ionenkette dem Transport von Information innerhalb des Ionenfallen-Computers („Datenbus").

Heute kann man mithife von Ionenfallen ca. 100 Gatter-Schaltungen innerhalb der Kohärenzzeit realisieren, sodass man ca. 10 Q-Bits implementieren kann. Dies bedeutet, dass das Kriterium 1 von DiVicenzo bislang nicht gut erfüllt wäre. Hier bestehen Optimierungsmöglichkeiten in zwei Richtungen: Zum einen die Algorithmen so zu optimieren, dass man möglichst wenige Gatteroperationen benötigt, und zum anderen die Fallen und die Laserstrahlen präziser auszulegen, sodass die Fehlerrate deutlich sinkt. Dann ließen sich wohl bis zu 50 Q-Bits in dieser Technik realisieren. Das Hauptproblem besteht darin, in langen Ionen-Ketten einzelne Ionen gezielt anregen oder auslesen zu können.

Für konkrete Nutzungen muss man zusätzlich an technische Optimierung und Miniaturisierung denken. Dies kann man zum einen im Rahmen der bisher erprobten Technik versuchen oder aber auf Festkörper setzen. Hierbei wird die Möglichkeit verfolgt, die Ionen in elektrischen Leiterbahnen auf Halbleitern zu halten. Dieser Ansatz hätte den Vorteil, dass man die ausgereiften Halbleiterfertigungstechnologien nutzen kann und die Hoffnung hat, dass der Ionenfallencomputer auch bei Raumtemperatur arbeiten könnte.

Q-Bits im Festkörper Zu dieser Kategorie gehören Elektronen in Quantenpunkten oder in Diamant eingebettete Stickstoffatome (sog. Farbzentren).

Vorschläge, Quantenpunkte zu nutzen, stammen bereits aus den 1990er Jahren, da sie mithilfe von Rastertunnelmikroskopen hergestellt und kontrolliert werden können. In Quantenpunkten aus Silizium, Graphen oder anderen Materialien werden Elektronen in einem winzigen Bereich „eingesperrt", sodass sie wie in Atomen nur diskrete Energiewerte annehmen können. Die gezielte Steuerung von Quantenpunkten erfordert Temperaturen nahe dem absoluten Nullpunkt. Das Problem ist die Kopplung von Quantenpunkten. Dies gelang erst in den letzten Jahren, z. B. konnten CNOT-Gatter realisiert werden. Mittlerweile liegen Vorschläge vor, solche Quantenpunkte mit verfügbaren Techniken der klassischen Chip-Fertigung zu nutzen. Damit wäre der Weg zu einer Skalierung hin zu vielen Q-Bits offen.

Ein anderer Vorschlag sind Defektstellen oder zusätzliche Atome in Kristallgittern. Stickstoffatome in Diamant (NV-Diamant) ist hierbei ein häufig genutztes Material. Breit zugänglich wurde diese Technik erst, als Diamanten hinreichender Reinheit künstlich erzeugt werden konnten. Die Q-Bits werden durch die Spins der Kerne und Elektronen realisiert und mit Mikrowellen oder Laser angeregt. Der Vorteil dieser Technologie besteht darin, dass ein solcher Quantencomputer grundsätzlich bei Raumtemperatur arbeiten könnte. Trotz aller Fortschritte sind noch zahlreiche Hürden zu überwinden, sodass Quantencomputer auf dieser Basis noch weit entfernt scheinen. Vor allem müssen die Stickstoffatome präzise im Diamant platziert werden. Auch müssen für hinreichend viele Q-Bits verschiedene Diamanten miteinander gekoppelt werden. Experimente in dieser Richtung werden durchgeführt. Aber abgesehen vom Quantencomputer haben Quantenpunkte noch zahlreiche andere Anwendungsbereiche, sodass sie in jedem Falle ein wichtiger Bereich der Quantentechnologien insgesamt sind.

Q-Bits auf Basis von Supraleitung Hierbei handelt es sich bei weitem um das fortgeschrittenste System. Die heute existierenden Quantencomputer, auf denen die in der Presse berichteten Fortschritte erzielt wurden, und auch Quantenannealer (s. u.) beruhen alle auf dieser Technologie. In der Herstellung kann man auf die Techniken der Halbleiterfertigung für integrierte Schaltkreise zurückgreifen. Damit zeichnen sich die Q-Bits durch gute Herstellbarkeit, schnelle Gatterschaltung und lange Dekohärenzzeiten aus. Dieses impliziert, dass auch die Fehlerraten sehr gering sind. Der Nachteil ist, dass ein solcher Quantencomputer nahe am absoluten Temperaturnullpunkt betrieben werden muss, um die Effekte thermischen Rauschens zu vermeiden.

Das Kernelement der supraleitenden Q-Bits ist ein sog. Josephson-Kontakt in einem supraleitenden Stromkreis mit Kondensator. In einem Josephson-Kontakt werden zwei supraleitende Schichten durch eine wenige Nanometer dünne, nicht-supraleitende Barriere getrennt. Dabei wird genutzt, dass in Supraleitern die Stromleitung durch Paare von zwei gekoppelten Elektronen (Cooper-Paare) geschieht, die durch die Barriere hindurch tunneln können (s. a. (Homeister 2018)). Dieser Stromkreis wird entweder durch Überlagerungszustände des magnetisches Flusses „up“ oder „down“ (Flux-Q-Bit) oder der Zahl der Cooper-Paare (Ladungs-Q-Bit) beschrieben. Beide Beschreibungen sind miteinander nicht kompatibel (s. a. Abschn. 2.1). Manchmal bezeichnet man diese Stromkreise auch als „künstliche Atome“, da sie über quantisierte Energieniveaus mit unterschiedlichen Energiedifferenzen verfügen, sodass man diese gezielt mit Mikrowellenpulsen ansprechen und untereinander koppeln kann. Dies erlaubt die Realisierung von Gattern. Die intensive Forschung in diesem Bereich hat zu zahlreichen Varianten dieser supraleitenden Q-Bits geführt. Es ist offen, welche Variante der „Josephson-Q-Bits“ in Zukunft am besten funktioniert und auf viele Q-Bits skalierbar ist. Mit dieser Technik ist bereits ein universeller Quantencomputer mit 54 Q-Bits realisiert worden. Das Hauptproblem für einen effizienten Betrieb ist die Quantenfehlerkorrektur.

Die ersten Erfolge mit Quantencomputern

Hier stellen wir einige Realisierungen konkreter Berechnungsprobleme vor. Wenn nichts anderes gesagt wird, wurden die Algorithmen mit einem Quantencomputer auf Supraleitungsbasis realisiert.

Sonderfall: Quantenannealer für Optimierungsprobleme Der erste größere Quantencomputer, genauer ein Quantenannealer mit 128 Q-Bits, wurde 2011 von der Firma D-Wave-Solutions in Kanada gebaut. Dabei handelt es sich aber insofern nicht um einen universellen Quantencomputer, als keine Quantengatter realisiert werden können. Damit kann man auf einem solchen Quantenannealer nicht die oben beschrieben Algorithmen implementieren. Stattdessen wird die Eigenschaft von Quantensystemen genutzt, durch langsame Änderungen und Tunnelprozesse mit größerer Wahrscheinlichkeit ein Minimum einer Funktion zu erreichen als dies mit klassischen Prozessen möglich ist. Daher ist ein solcher Computer besonders geeignet für komplizierte Optimierungsprobleme wie z. B. das „Problem des Handlungsreisenden“ oder Probleme im Bereich des Verkehrsflusses. Ein Modellprojekt wurde im Herbst 2019 im Rahmen der Routenplanung für Shuttlebusse in Lissabon durchgeführt. Die Technik ist mittlerweile soweit, dass man demnächst mit mehr als 5000 Q-Bits rechnen und damit realistische Probleme angehen kann.

Primfaktorzerlegung mit einem universellen Quantencomputer Diese Anwendung ist die spektakulärste und gab mit dem Shor-Algorithmus den eigentlichen Anstoß zur experimentellen Forschung über Quantencomputer, weil die durch den Shor-Algorithmus mögliche schnelle Primfaktorzerlegung die Sicherheit der heute oft verwendeten RSA-Verschlüsselung gefährden kann. Auf einem universellen Quantencomputer mit der NMR-Technik wurde im Jahr 2001 erstmals der Shor-Algorithmus realisiert, sodass die Zahl 15 faktorisiert werden konnte. Bislang wurde mit dem Shor-Algorithmus als größte Zahl die 35 faktorisiert. Mit anderen Algorithmen hat man heute (2020) Zahlen bis 1.099.551.473.989 in ihre Primfaktoren zerlegt. Bedenkt man, dass die heutige RSA-Verschlüsselung mit Primzahlen mit ca. 600–1200 Ziffern arbeitet, sieht man, wie weit der Weg zur realen Anwendung noch ist.

Der erste Nachweis der Quantenüberlegenheit Im Herbst 2019 wurde zum ersten Mal Quantenüberlegenheit erreicht, d. h. der Nachweis, dass ein Quantencomputer nachweislich ein Problem schneller löst als ein klassischer Computer. Der Nachweis erfolgte auf einem universellen Quantencomputer mit 53 Q-Bits, von Google Sycamore genannt. Allerdings war das Problem ohne praktische Relevanz. Es entspricht vom Grundprinzip her einem Suchen in einem ungeordneten Haufen, ohne sichtbare oder nutzbare Struktur. In ersten Pressemitteilung hieß es, der Quantencomputer hätte nur 200 s benötigt, während ein klassischer Computer 10.000 Jahre benötigt hätte. Wissenschaftler von IBM haben allerdings kurz danach einen Algorithmus für das gleiche Problem vorgestellt, für den ein klassischer Computer nur 2,5 Tage brauchen würde. Dies ist immer noch deutlich länger als der Quantencomputer, zeigt aber, dass es mehr auf die Qualität eines Algorithmus ankommt als auf die Rechenpower.

Was im letzten Abschnitt behandelt wurde

- Quantencomputer können nur bestimmte Algorithmen besonders gut bearbeiten.
- Das Hauptproblem eines Quantencomputers ist seine Fehleranfälligkeit aufgrund der Dekohärenz.
- Trotz intensiver Forschung ist die Frage nach der besten Technologie für Quantencomputer noch offen.

5 Zusammenfassung und Ausblick

In diesem Büchlein wurde ein Einblick in die Grundlagen der Quantenphysik gegeben und gezeigt, wie diese in den modernen Quantentechnologien, oft auch als die 2. Quantenrevolution bezeichnet, zum Tragen kommen. Dabei haben wir uns auf die Quanteninformationsverarbeitung beschränkt, die in den Medien die größte Resonanz erfährt. Von den hier behandelten Themen ist die Quantenkryptographie zur langfristigen Sicherung geheimer Daten am dichtesten an einer kommerziellen Nutzung. Die Quantenteleportation wird als ein möglicher Baustein für Quantencomputer oder ein Quanteninternet gesehen. Das Zentrum aller Anstrengungen, ein für reale Anwendungen einsetzbarer Quantencomputer selber, ist trotz aller Fortschritte immer noch eher eine Vision als eine realistische Möglichkeit. Jedoch ist die Forschung so intensiv, dass man auf die weitere Entwicklung gespannt sein darf. Im Bereich von über 1000 Q-Bits erfordert dies noch ganz neue Ideen und gewaltige technische Fortschritte. Auch ob die heute für Quantencomputer eingesetzte Technik der Weisheit letzter Schluss ist, ist noch nicht klar. Man rechnet dennoch damit, dass ein universeller Quantencomputer mit relevanter Zahl an Q-Bits in ca. 10 bis 20 Jahren einsatzbereit sein könnte.

Dabei soll nicht vergessen werden, dass entscheidende Anstöße zu diesen Entwicklungen durch reine Grundlagenforschung gegeben wurden. Zahlreiche Physiker sind an die Grenzen des technisch Machbaren gegangen, weil sie die Quantenphysik besser verstehen wollten. Erst die neugiergetriebene Klärung der fundamentalen quantenphysikalischen Konzepte öffnete die Tür für die heute rapide voranschreitende Forschung und Technologie. Anwendungen wie die Quantenkryptographie oder der Quantencomputer waren Beiprodukte, über die zuweilen nachgedacht wurde, aber die nicht im Zentrum der Forschung standen. Heute investieren internationale Technologiekonzerne in die Entwicklung von Quantencomputern, in der Hoffnung, den dadurch entstehenden Technologieschub nutzen zu können.

G. Pospiech, *Quantencomputer & Co*, essentials,
https://doi.org/10.1007/978-3-658-30445-4_5

Anforderungen der Quanteninformatik stoßen neue Forschungen und Entwicklungen auch in der „klassischen" Informatik an.

Neben diesem Gebiet der Quanteninformationsverarbeitung soll man nicht andere zukunftsträchtige Quantentechnologien in der Sensorik, Metrologie, Bildgebung und Simulation vergessen, die gleichfalls noch große, unabschätzbare Potenziale für Anwendungen in zahlreichen Bereichen wie Medizintechnik, Navigation oder Materialentwicklung haben. Dabei sind die Entwicklungen der verschiedenen Bereiche in der Quantentechnologie nicht voneinander isoliert: Beispielsweise begann die Forschung über und der Einsatz von Josephson-Kontakten in der Quantensensorik und wurde erst anschließend für Quantencomputer „entdeckt". So sind die Quantentechnologien ein Feld, in dem noch zahlreiche Entdeckungen, effiziente Lösungen und spannende Anwendungen zu erwarten sind. Wissen um die grundlegenden Prinzipien kann dabei helfen, die Chancen und vielschichtigen möglichen Folgen dieser Technologien einzuschätzen.

Was Sie aus diesem *essential* mitnehmen können

- Die grundlegenden Prinzipien der Quantenphysik sind die Überlagerung, die Unbestimmtheit sowie die Verschränkung, die keinerlei Entsprechungen in der klassischen Physik haben.
- Grundlagenforschung zum Verständnis der Quantenphysik hat große Bedeutung für die Entwicklung von Quantentechnologien, die breite Einsatzgebiete haben.
- Die Gebiete der Quanteninformatik umfassen die Quantenkryptographie (den Quantenschlüsselaustausch), die Quantenteleportation und die Quantencomputer mit den zugehörigen Algorithmen.
- Quantencomputer sind ein visionäres, sich rasch entwickelndes Forschungsgebiet, das große Auswirkungen auf die Entwicklung weiterer Quantentechnologien hat und umgekehrt.

G. Pospiech, *Quantencomputer & Co*, essentials,
https://doi.org/10.1007/978-3-658-30445-4

Glossar

Basis: Mithilfe der Elemente einer Basis eines Hilbertraums (Basiszustände) lassen sich alle Zustände eines Quantensystems erzeugen.

Blochkugel: Felix Bloch hat die geometrische Darstellung von allen möglichen Zuständen eines Zwei-Zustandssystems auf einer Kugeloberfläche entwickelt.

Diphoton: ein maximal verschränktes Paar von zwei Photonen (auch EPR-Paar genannt)

Hilbertraum: ist ein Vektorraum mit Skalarprodukt. Der Beschreibung von Quantensystemen liegt ein Hilbertraum zugrunde. Sein Aufbau verursacht die Eigenschaften Überlagerung und damit auch Unbestimmtheit und Verschränkung von Quantensystemen. Wenn man sich explizit auf die Zustände von Quantenobjekten bezieht, verwendet man auch den Begriff Zustandsraum.

Messapparat: ein (manchmal nur gedachtes oder idealisiertes) Gerät, mit dessen Hilfe man die Eigenschaften eines Quantenobjekts festlegen kann.

Messbasis: umfasst die Basiszustände, die dem konkreten Messprozess zugrunde liegen und den Messapparat bestimmen.

Nichtseparabilität: Wenn ein Quantensystem aus mehreren verschränkten Teilen besteht, lassen sich die Teile nicht physikalisch getrennt beschreiben. Man kann nur Aussagen über das Gesamtsystem machen.

NP-Probleme: nicht in polynomialer Rechenzeit deterministisch von einem Computer berechenbar

Operator: beschreibt die Transformation von Zuständen. Operatoren werden auch mithilfe von Matrizen dargestellt.

Orakel: In der Quanteninformatik eine „black box“, in der beispielsweise Funktionen ausgewertet werden.

Parametrische_Downconversion: Technik zur Erzeugung von Diphotonen mit Hilfe bestimmter nichtlinearer Kristalle und eines starken Lasers: Photonen des Lasers haben eine so große Energie, dass durch die Wechselwirkung eines Pho-

G. Pospiech, *Quantencomputer & Co*, essentials,
https://doi.org/10.1007/978-3-658-30445-4

tons mit den Atomen des Materials nach den Gesetzen der Energie- und Impulserhaltung zwei Photonen erzeugt werden können.

Pauli-Matrizen: können alle Transformationen von Zwei-Zustandssystemen erzeugen. Sie werden auch Id, σ_x, σ_y, σ_z genannt, weil sie ursprünglich für die Beschreibung des Spins entwickelt wurden.

Q-Bit: die kleinste Einheit in der Quanteninformatik

Quantengatter: beschreibt logische Operationen auf Q-Bits

Quantenregister: umfasst mehrere Qubits

Quanteninformation: beschreibt, wie Information in Zuständen von Quantensystemen enthalten ist oder weitergegeben werden kann.

Vektorraum: s. Hilbertraum

Zustand: beschreibt ein quantenphysikalisches System. Aus ihm kann man die möglichen Ergebnisse von Messungen ablesen. Zustände von Quantenobjekten sind Elemente eines Hilbertraums.

Zustandsraum: s. Hilbertraum

Zwei-Zustandssystem: ein quantenphysikalisches System, das modellhaft mit zwei Basiszuständen beschrieben werden kann. In der Regel wählt man willkürlich die relevante Größe aus, wie z. B. Atom im Grundzustand – Atom im angeregten Zustand, oder: vertikal polarisiertes Photon – horizontal polarisiertes Photon.

Literatur

Aspect, A. (2015). Viewpoint: Closing the Door on Einstein and Bohr's Quantum Debate. Physics, 8:123.

Aspect, A., Grangier, P., and Roger, G. (1982). Experimental realization of Einstein-Podolsky-Rosen-Gedankenexperiment: A new violation of Bells inequalities. Physical Review Letters, 49(2), 91–94.

Bell, J. S. (1964). On the Einstein-Podolsky-Rosen Paradox. Physics, 1:195–197.

Bouwmester, D., Pan, J.-W., Mattle, K., Eible, M., Weinfurter, H., and Zeilinger, A. (1997). Experimental quantum teleportation. Nature, 390:575–579.

Calude, C. S. and Calude, E. (2020). The Road to Quantum Computational Supremacy. In Bailey, D. H., Borwein, N. S., Brent, R. P., Burachik, R. S., Osborn, J.-A. H., Sims, B., and Zhu, Q. J., editors, From Analysis to Visualization, volume 313, pages 349–367. Springer International Publishing, Cham.

DiVincenzo, D. P. (2000). The Physical Implementation of Quantum Computation. Fortschritte der Physik, 48(9–11), 771–783.

Einstein, A., Podolsky, B., and Rosen, N. (1935). Can quantum-mechanical description of physical reality be considered complete? *Physical Review*, 48:696–702. auch in: Kurt Baumann, Roman Sexl: Die Deutungen der Quantentheorie, vieweg 1987.

Elitzur, A. C. and Vaidman, L. (1993). Quantum mechanical interaction-free measurements. Foundations of Physics, 23(7), 987–997.

Friebe, C., Kuhlmann, M., Lyre, H., Näger, P. M., Passon, O., and Stöckler, M. (2018). Philosophie der Quantenphysik: Zentrale Begriffe, Probleme, Positionen. Springer, Berlin Heidelberg, Berlin, Heidelberg.

Homeister, M. (2018). Quantum Computing verstehen: Grundlagen – Anwendungen – Perspektiven. Computational Intelligence. Springer Fachmedien Wiesbaden, Wiesbaden.

Jin, X.-M., Ren, J.-G., Yang, B., Yi, Z.-H., Zhou, F., Xu, X.-F., Wang, S.-K., Yang, D., Hu, Y.-F., Jiang, S., Yang, T., Yin, H., Chen, K., Peng, C.-Z., and Pan, J.-W. (2010). Experimental free-space quantum teleportation. Nature Photonics, 4(6), 376–381.

Karl Schilcher (2011). Theoretische Physik kompakt für das Lehramt. Oldenbourg Verlag, München.

Kwiat, P., Weinfurter, H., and Zeilinger, A. (1997). Wechselwirkungsfreie Quantenmessung. Spektrum der Wissenschaft, pages 42–49.

G. Pospiech, *Quantencomputer & Co,* essentials,
https://doi.org/10.1007/978-3-658-30445-4

Pan, J.-W., Bouwmeester, D., Daniell, M., Weinfurter, H., and Zeilinger, A. (2000). Experimental Test of Quantum Nonlocality in three-photon Greenberger-Horne-Zeilinger Entanglement. Nature, 403:515–519.

Pospiech, G. (2016). Quantenphysik intuitiv – das GHZ-Spiel. Praxis der Naturwissenschaften – Physik in der Schule, 65(1), 33–36.

Pospiech, G. and Schorn, B. (2016). Der Quantencomputer in der Schule. Praxis der Naturwissenschaften – Physik in der Schule, 65(1), 5–11.

Schrödinger, E. (1935). Die gegenwärtige Situation in der Quantenmechanik. *Die Naturwissenschaften*, 23:807–812, 823–828, 844–849. auch in: Kurt Baumann, Roman Sexl: Die Deutungen der Quantentheorie, S. 198–129, vieweg 1987.

Ausgewählte Links

Überblick über Quanteninformatik: https://www.spektrum.de/lexikon/physik/quanteninformatik/11862

Forschungsstand zum Quantencomputer (Juli 2020) https://www.deutschlandfunk.de/quantencomputer-wettstreit-der-systeme.740.de.html?dram:article_id=479940

Erläuterung des Quantenannealing: https://www.datacenter-insider.de/was-ist-quanten-annealing-a-782266/

Vorlesung von David Deutsch (Deutsch-Algorithmus): http://www.quiprocone.org/Protected/Lecture_5.htm

Eigene Versuche am Quantencomputer: https://quantum-computing.ibm.com/